Thomas Ruckstuhl

SCHMETTERLINGE
UND RAUPEN

Bestimmen • Kennenlernen • Schützen

550 Naturfarbfotos vom Autor

GONDROM

So bestimmen Sie mit dem Kennfarben-Code:

Kennfarbe Weiß
Seite 72 bis 93

Hier finden Sie Schmetterlinge mit überwiegend weißen Flügeln

Baumweißling (→ Seite 77)

Hochalpen-Apollo (→ Seite 76)

Schachbrett (→ Seite 84)

Kennfarbe Gelb
Seite 94 bis 107

Hier finden Sie Schmetterlinge mit überwiegend gelben Flügeln

Westlicher Osterluzeifalter (→ Seite 87)

Zitronenfalter (→ Seite 98)

Schwalbenschwanz (→ Seite 96)

Kennfarbe Orange

Seite 108 bis 131

Hier finden Sie Schmetterlinge mit vorwiegend orangefarbenen Flügeln

Kaisermantel (→ Seite 110)

Kleiner Fuchs (→ Seite 120)

Mittlerer Weinschwärmer (→ Seite 131)

Kennfarbe Braun

Seite 132 bis 163

Hier finden Sie Schmetterlinge mit überwiegend braunen Flügeln

Trauermantel (→ Seite 142)

Graubindiger Mohrenfalter (→ Seite 149)

Dunkelbrauner Bläuling (→ Seite 155)

Kennfarbe Blau
Seite 164 bis 175

Hier finden Sie Schmetterlinge mit überwiegend blauen Flügeln

Kennfarbe Lila
Seite 176 bis 195

Hier finden Sie Schmetterlinge mit verschiedenfarbigen Flügeln

Silbergrüner Bläuling (→ Seite 173)

Kleiner Schillerfalter (→ Seite 167)

Hauhechel-Bläuling (→ Seite 170)

Labkrautschwärmer (→ Seite 189)

Widderchen (→ Seite 182)

Russischer Bär(→ Seite 179)

Inhalt

Augenblicke – Augenzeichnung auf den Flügeln des Kleinen Nachtpfauenauges.

Schmetterlinge kennenlernen

◄ **Foto Vorsatz: Korbblütler sind beliebte Nektarspender. Hier Schachbrett, Baumweißling und Widderchen**

Schmetterlinge erleben

Schmetterlinge bestimmen

Raupen bestimmen

Schmetterlinge schützen

Ein Wort zuvor

Diese Schmetterlinge kennt wohl jeder: Zitronenfalter, Tagpfauenauge, Weißling, Bläuling, Kleiner Fuchs, Schwalbenschwanz. Ein halbes Dutzend jener zauberhaften Geschöpfe, die an schönen Sommertagen von Blüte zu Blüte gaukeln, um Nektar zu saugen.
Dieser neue Naturführer will Ihnen helfen, ein richtiger Schmetterlingskenner zu werden.

- Schmetterlinge bestimmen. In 550 Farbfotos, vom Autor in freier Natur aufgenommen, sind die schönsten tag- und nachtaktiven Falter abgebildet, dazu die wichtigsten Raupen. Der Kennfarben-Code macht das Bestimmen leicht wie noch nie: die Falter sind nach ihrer primären Flügelfarbe geordnet und in Originalgröße abgebildet, die Raupen nach Art ihrer Behaarung in vier Gruppen eingeteilt. Leicht auffaßbare Steckbrieftexte beschreiben die wichtigen Erkennungsmerkmale, sowie Vorkommen und Überwinterung.
- Schmetterlinge kennenlernen. Im allgemeinen Teil werden Körperbau, Sinnesorgane und Lebensweise von Faltern und Raupen erklärt. Sie erleben die Entwicklung vom Ei zum Falter und erfahren, wie sich die Falter und Raupen vor ihren Fressfeinden schützen. Sensationelle, zum Teil hier erstmals veröffentlichte Fotos illustrieren diese spannende Schmetterlingskunde.
- Schmetterlinge schützen. Im Ratgeberteil erfahren Sie, wie den bedrohten Arten in der Natur zu helfen ist und wie Sie selbst durch Anlage eines „Schmetterlingsgarten“ Falter und ihre Raupen bei sich zu Hause ansiedeln können.

„Mehr wissen – mehr sehen – mehr erleben“ ist das Motto dieses Naturführers. Er soll Ihnen Naturerlebnisse besonderer Art erschließen und damit mehr Lebensfreude bringen. Das wünschen der Autor und die Naturbuch-Redaktion.

Der Würfelfleckfalter *(Heteropterus morpheus)* gehört zu den Dickkopffaltern oder Unechten Tagfalter, kleinen, stark behaarten Faltern mit großem, dickem Kopf und kräftigem Körper.

Schmetterlinge kennenlernen

Unter den Insekten sind die Schmetterlinge besondere Kleinode. Nicht nur die großen Arten mit ihrer plakativ bunten Aufmachung verdienen besondere Aufmerksamkeit. Auch die kleinen und zunächst vielleicht nur unscheinbar aussehenden Falter offenbaren mit ihren Flügelzeichnungen oft sehr gelungene Kleinkunstwerke der Natur – strich- und punktgenaue Zeichnungen, Muster oder Farbwirkungen, die auf dem rechten und linken Flügelpaar in erstaunlicher Spiegelsymmetrie wiederkehren. Jeder einzelne Falter ist ein Wunder der Verwandlung. Seinen Anfang nahm er als winziges Ei, wurde dann zur blattfressenden Raupe, unterzog sich in der Puppe einer längeren, geradezu grundlegenden Umgestaltung und verläßt die starre Hülle schließlich als flugfähiges Vollinsekt, das mit Raupe und Puppe keinerlei Ähnlichkeit hat.

Was ist ein Schmetterling?

Schmetterlinge sind beschuppte vierflügelige Insekten. „Schuppenflügler" oder wissenschaftlich Lepidoptera (vom griechischen lepis = Schuppe, pteron = Flügel) wird diese Gruppe der Insekten deshalb auch genannt. Die Schmetterlinge sind eine der größten und wohl auch beliebtesten Insektengruppen und bewohnen mit mehr als 140000 beschriebenen Arten fast alle Gebiete der Erde.

Charakteristisch für alle Insekten ist ein Außenskelett aus einer festen, widerstandsfähigen Masse, dem Chitin, das unter anderem die Funktion des Skeletts bei den Wirbeltieren erfüllt.

Damit der Körper beweglich wird, besteht dieses Außenskelett nicht aus einem Teil, sondern aus vielen einzelnen Chitinplatten, die mit weichen Häuten miteinander verbunden sind.

Der Körper ist mehr oder weniger deutlich in drei Abschnitte gegliedert: den Kopf (Caput), die Brust (Thorax) und den Hinterleib (Abdomen).

Der Kopf – Träger der Sinnesorgane

An der rundlichen Kopfkapsel der Schmetterlinge sitzen beidseits je ein großes Komplex- oder Facettenauge, auf der Stirn manchmal noch einfache Punktaugen (Ocellen), zwischen den Facettenaugen die Fühler oder Antennen und vor allem bei den Tagfaltern das Jordansche Organ, ein Sinnesborstenhügel, mit dem der Schmetterling offenbar seine Fluggeschwindigkeit messen kann. An der Kopfunterseite sitzen dann der lange Saugrüssel und die übrigen Mundwerkzeuge.

Die großen Facettenaugen sind recht kompliziert aus vielen hundert bis tausend einzelnen sechseckigen Augenkegeln zusammengesetzt, die dem Tier ein mosaikartiges Bild wiedergeben. Das Facettenauge des Totenkopfschwärmers zum Beispiel besteht aus 12000 „Einzelaugen".

Punktaugen, meist zwei an der Zahl, gibt es vor allem bei zahlreichen Nachtfaltern.

Die Fühler, auch Antennen genannt, bestehen aus mehr (bis zu 100) oder weniger (minimal 7) zahlreichen Gliedern und sind sehr verschieden ausgebildet. Die Fühler sind vor allem Träger des Geruchssinnes, dienen aber auch als Tastorgan und nehmen Schall- und Erschütterungsreize auf.

Bei manchen Schmetterlingen, vor allem aber den Nachtfaltern, ist der Geruchssinn besonders gut entwickelt. Das ist schon daraus ersichtlich, daß die Fühler nicht einfach fadenförmig oder kolbenartig verdickt sondern gesägt, gezähnt oder gefiedert sind, so daß die Oberfläche der Fühler deutlich vergrößert ist, mit mehr Geruchssinneszellen besetzt werden kann und damit auch wahrnehmungsfähiger ist. Der Geruchssinn spielt vor allem bei der Geschlechterfindung eine bedeutende Rolle. Bei manchen Arten kann das Männchen das Duftstoffe aussendende Weibchen oft kilometerweit riechen. Mit dem Geruchssinn wird aber auch, vor allem bei nachtaktiven Faltern, die Nahrungsquelle gefunden, oder die Weibchen suchen die für ihre Raupen geeigneten Futterpflanzen, an denen sie dann ihre Eier ablegen.

Am Kopf sitzt aber auch ein typisches kennzeichnendes Merkmal der Schmetterlinge: der Saugrüssel. Dieser besteht

Zum Bild: Das Männchen des Großen Schillerfalters *(Apatura iris)* ist gerade dabei, seinen Saugrüssel auszurollen. Über dem Saugrüssel sind deutlich die nach oben ragenden Lippentaster zu erkennen. ▶

Der Nagelfleck *(Aglia tau)* trägt große, stark gefiederte Fühler.

Zum Bild: Die Fühler der Schmetterlinge tragen die Geruchssinnesorgane, je größer und aufgefiederter die Fühler also sind, desto mehr Geruchssinnesorgane liegen auf ihnen – desto besser kann der Falter riechen. Eine Eigenschaft, die vor allem bei der Partnerfindung wichtig ist.

aus den stark verlängerten Außenladen der Unterkiefer, die längs miteinander verfalzt sind und einen beweglichen Schlauch bilden. Wird dieses „Saugrohr" nicht benützt, so liegt es in einer uhrfederartigen Spirale aufgerollt unter dem Kopf. Ausgerollt wird es mit Hilfe von Muskelsträngen und durch Erhöhung des Blutdrucks in den Außenladen. Die Spitze des Saugrüssels ist mit Tast- und Geschmacksorganen besetzt. Bei manchen Nachtfaltern, vor allem den Schwärmerarten, ist der Saugrüssel bis dreimal so lang wie der Hinterleib. Aus diesem Grund können die Falter auch noch Nektar aus langen Trichterblüten saugen. Bei einigen Eulenfaltern ist der Rüssel verkürzt und mit gezähnten Schneiden versehen und dient dazu, die Haut von Früchten anzustechen, um dann den austretenden Saft aufsaugen zu können. Neben dem Saugrüssel besitzen die Schmetterlinge noch andere Mundwerkzeuge, die Geruchs- und Geschmacksinnesorgane tragen: die Lippentaster (Palpen) und die Unterkiefertaster, die jedoch mehr oder weniger gut entwickelt sein können.

Die Brust – Träger der Beine und Flügel

Der Brustabschnitt eines Schmetterlings besteht aus drei fest miteinander verbundenen Brustringen, die deutlich vom Hinterleib abgesetzt sind. Am ersten Brustring (Prothorax) sitzt das erste Beinpaar. Der zweite Brustring (Meso-

thorax) trägt das zweite Beinpaar und die beiden Vorderflügel, der dritte Brustring (Metathorax) das dritte Beinpaar und die beiden Hinterflügel.
Die Beine sind sehr zartgliedrig und dienen in erster Linie zum festhalten, erst in zweiter zum Laufen. Sie gliedern sich in fünf Abschnitte: Hüfte (Coxa), Schenkelring (Trochanter), Schenkel (Femur), Schiene (Tibia) und Fuß (Tarsus). Bei verschiedenen Familien sitzen an den Beinschienen der Männchen pinsel- oder keulenartige Duftorgane. Bei vielen Tagfalterarten sind die Vorderbeine verkürzt und zu „Putzpfoten" umgebildet. An den Endgliedern der Beine, den Füßen sitzen zahlreiche Geschmacksinnesorgane, mit deren Hilfe die Falter Nahrung und Futterpflanzen zur Eiablage auffinden können.
Die Flügel bestehen aus je zwei membranösen Doppelhäuten, die von flachen, chitinisierten Adern durchzogen sind und dem zarten Gebilde die nötige Steifheit geben. In diesen Adern verlaufen auch die Nerven, Blutbahnen und Luftröhren. Die Aderung der Flügel ist von großer Bedeutung für die systematische Einteilung der Schmetterlinge.
Ihre Farbigkeit verdanken die Flügel unzähligen Schüppchen, die auf den Flügeln angeordnet sind. Diese Schuppen sind verbreiterte und abgeplattete Haare, die mit einem Stielchen in einer Vertiefung der Flügel, der Schuppentasche, stecken. Die Schuppen liegen dachziegelartig übereinander. Ihre Färbung beruht entweder auf eingelagertem Pigment oder auf der Brechung des Lichtes aufgrund der Schuppenstruktur. Man unterscheidet zwischen Grundschuppen, Deckschuppen (Träger der Pigmente) und Duftschuppen, die vor allem bei den männlichen Tieren vorkommen und eine nicht unwesentlich Rolle bei der Partnersuche haben. Die Schuppen sind wie die Haare und die übrige Oberfläche des Außenskeletts mit einer hauchdünnen Wachsschicht überzogen, die wasserabstoßend wirkt.

Der Hinterleib – Träger der Geschlechtsorgane

Der Hinterleib der Schmetterlinge ist länglich, zylindrisch. Der ursprünglich aus zwölf Segmenten bestehende Insektenhinterleib ist bei den männlichen Schmetterlinge auf acht, bei den Weibchen auf sieben Segmente reduziert. Die übrigen Segmente wurden zur Bildung der äußeren Geschlechtsorgane (Genitalarmatur) verwendet.
Die Geschlechtsorgane sind von Art zu

Zum Bild: In Ruhestellung schlagen die Tagfalter unter den Schmetterlingen ihre Flügel senkrecht über dem Körper zusammen, im Unterschied zu den Nachtfaltern, bei denen in Ruhestellung die Hinterflügel von den dachförmig gefalteten Vorderflügeln bedeckt sind (→ Seite 16).

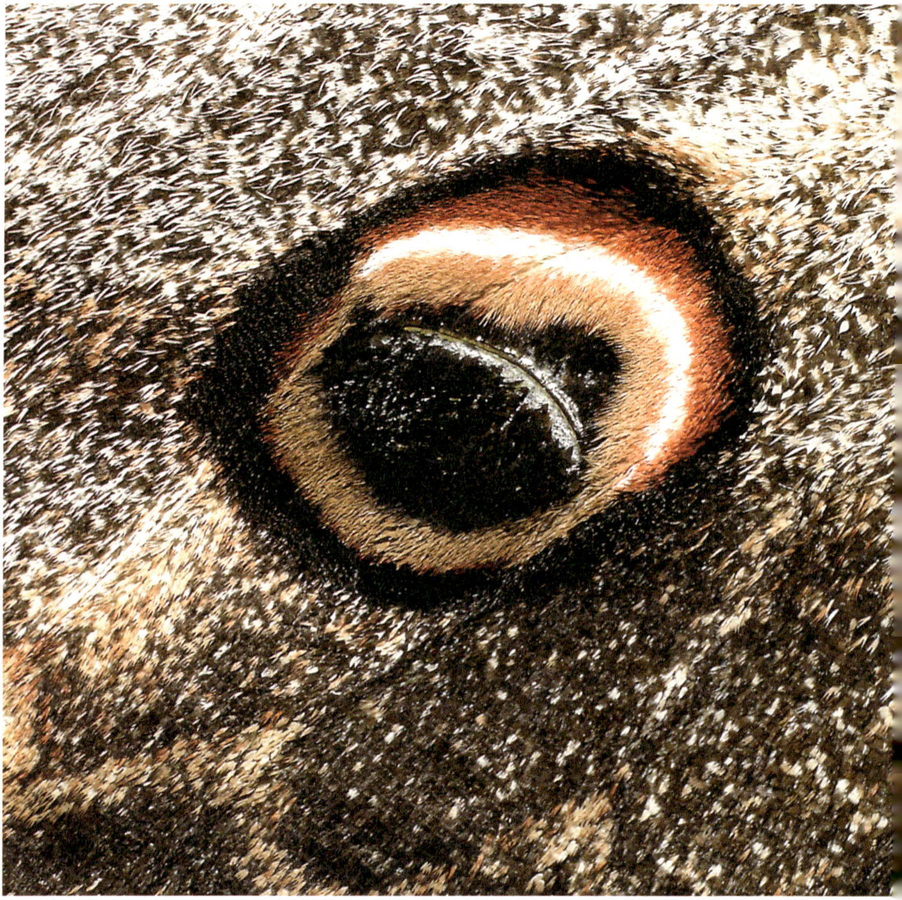

Stark vergrößerter Ausschnitt aus dem Hinterflügel des Großen Nachtpfauenauges.

Art verschieden gebaut und dienen den Systematikern als wichtigstes Bestimmungsmerkmal. Bei den Weibchen mündet am Hinterleibsende der einzige Eileiter in eine mehr oder weniger dehnbare Legeröhre. Die Begattungsöffnung liegt bauchseits zwischen dem siebten und achten Hinterleibssegment.
Bei fast allen Schmetterlingen ist der Hinterleib beschuppt und behaart. Am Hinterleibsende können auch Duftorgane sitzen, aus denen Sexuallockstoffe abgesondert werden können.

Ein Blick ins Innere

Das starre, wasserabstoßende Außenskelett der Schmetterlinge beherbergt sämtliche lebensnotwendige Systeme: Verdauungskanal, Atmungsorgane, Blutkreislauf, Nervensystem, Fortpflanzungsorgane und Muskeln.
Der Verdauungskanal beginnt mit der Mundöffnung, die sich noch innerhalb des Kopfes zum kräftigen Schlundkropf (Pharynx) erweitert, der als Pumpe wirkt und zum Einsaugen und Weiterleiten der durch den Saugrüssel aufgenommenen

Ein Blick ins Innere

Großes Nachtpfauenauge *(Saturnia pyri)*.

Zu den Bildern: Schmetterlingsflügel sind, je nach Art, mit einer bis zehn Millionen Schuppen bedeckt. Die Deckschuppen sind für die Färbung und Zeichnung verantwortlich, die entweder durch eingelagerte Farbstoffe (Pigmente) oder durch den Feinbau der Schuppe und daraus resultierende physikalische Lichteffekte entstehen.

Nahrung dient. Eine lange, enge Speiseröhre zieht von hier aus zum Vormagen, einer sackartigen Erweiterung des Vorderdarmes. Danach gelangt die Nahrung in einen geräumigen Mitteldarm, einen engeren Dünndarm und den kurzen Enddarm, der in den After mündet.
Die Atmungsorgane bestehen aus chitinversteiften Röhren, den Tracheen, die durch den ganzen Körper ziehen und durch seitlich am Körper liegende Atemlöcher (Stigmen) mit der Außenluft in Verbindung stehen.

Schmetterlinge haben einen offenen Blutkreislauf: Ihr gelblich-grünes „Blut" (Hämolymphe) umspült die freiliegenden Organe. Für die Zirkulation der Flüssigkeit sorgt ein einfacher Herzmuskel im Hinterleib, das Rückenrohr. Durch paarige Spalten in dem Rückenrohr tritt die Flüssigkeit ein und wird dann durch Kontraktion nach vorn getrieben.
Das Nervensystem ist strickleiterartig aufgebaut: auf zwei Nervensträngen liegen paarweise verteilt Anhäufungen von Nervenzellen (Ganglien), die durch Querstränge miteinander in Verbindung stehen. Die ersten drei Anhäufungen liegen dicht beieinander und bilden das Gehirn.
Eine Beschreibung der äußerst kompliziert aufgebauten Fortpflanzungsorgane würde den Rahmen des Buches sprengen.

Tag- oder Nachtfalter?

Die Schmetterlinge stellen mit etwa 140000 Arten in ungefähr 100 Familien etwa zehn Prozent der gesamten Tierwelt. Die meisten, wohl auch größten und schönsten Falter leben in den Tropen und Subtropen.
Die große Anzahl der Schmetterlinge wird oft in die Gruppe der Tagfalter und die Gruppe der Nachtfalter unterteilt. Nun könnte man meinen, daß Tagfalter Falter sind, die am Tage fliegen und Nachtfalter diejenigen, die in der Nacht aktiv sind. Es gibt jedoch auch Tagfalter, die in der Nacht fliegen und Nachtfalter, wie die Widderchen und Schwärmer, die nur am Tag aktiv sind.
Die Einteilung in Tag- und Nachtfalter hängt also nicht von den Aktivitätszeiten der Falter ab, sondern beruht auf ganz bestimmten, gut sichtbaren äußeren Merkmalen, den Fühlern (Antennen) und der Haltung der Flügel in Ruhestellung.

Tagfalter

Tagfalter sind in der Mehrzahl größere, farbenprächtige Falter, die bei trockenem, sonnigem Wetter durch die Lüfte gaukeln oder sich zur Nektarsuche auf Blüten niederlassen, bei Beginn der Dämmerung jedoch ihren Schlafplatz aufsuchen.
Ihre Fühler sind fadenförmig und am Ende knopf- oder kolbenartig verdickt. Tagfalter schlagen in Ruhestellung ihre Flügel senkrecht über dem meist schlanken Leib zusammen (→ Bild Seite 13).
Zu den Tagfaltern zählen die Ritterfalter, Weißlinge, Augenfalter, Edelfalter, Würfelfalter, Bläulinge und Dickkopffalter.

Nachtfalter

Die meisten Nachtfalter sind wenig bekannt, da sie erst ab Beginn der Dämmerung oder nachts ausfliegen und oft auch noch recht klein und/oder unscheinbar gefärbt sind. Man sieht diese Falter dann nur, wenn sie durchs geöffnete Fenster ans Licht fliegen oder um Straßenbeleuchtungen schwirren. Es gibt jedoch auch etliche große und wunderschön gefärbte Nachtfalter, wie zum Beispiel das Große und Kleine Nachtpfauenauge oder die verschiedenen Bärenfalter. Da die meisten Nachtfalter jedoch am Tage ruhen, müssen sie entweder einen gut versteckten Schlafplatz

Zum Bild: Kammartig doppelt gefiederte Antennen des Nagelfleck-Männchens. Der Nagelfleck *(Aglia tau)* gehört zu den Nachtfaltern, was ganz deutlich an den Antennen der Männchen zu erkennen ist. Die Antennen der etwas größeren und heller gefärbten Weibchen sind nur einfach fein gekämmt.

Tag- oder Nachtfalter?

Großer Schillerfalter *(Apatura iris)* bei der Wasseraufnahme an einer feuchten Wegstelle.

besitzen oder über eine Tarntracht verfügen, die sie vor ihren Freßfeinden schützt.
Zu den Nachtfaltern zählen alle Schmetterlinge, die keine Kolbenfühler tragen. Ihre Fühler können ganz unterschiedlich geformt und ausgebildet sein: borstenförmig, fein bewimpert, mit Wimperbüscheln versehen, gezähnt, gefiedert oder kammartig. Meist besitzen die Männchen größere und stärker gekämmte oder gefiederte Antennen als die Weibchen. Das ist nicht verwunderlich, tragen die Antennen die wichtigen Sinnesorgane für den Geruchssinn. Sie sind die Empfangsstationen für von paarungsbereiten Weibchen ausgesendete duftende Lockstoffen (Pheromonen), die oft über weite Entfernungen empfangen werden müssen.
In Ruhestellung sind bei den Nachtfaltern die Hinterflügel von den dachförmig gefalteten Vorderflügeln fast oder

Zum Bild: Bei diesem wassersaugenden Schillerfalter sind ganz deutlich die kolbenartig verdickten Antennen – ein Merkmal der Tagfalter – zu erkennen. Die Flügel werden fast waagerecht gehalten.

vollkommen bedeckt. Die meist völlig anders und oft bunt gefärbten Hinterflügel werden nur im Flug oder bei einigen Arten, wie zum Beispiel dem Abendpfauenauge (→ Seite 49), zur Abschreckung oder Warnung sichtbar.
Zu den Nachtfaltern, deren Mitglieder eine Vielzahl verschiedener Körper- und Flügelformen zeigen, zählen die Trägspinner, Bärenspinner, Zahnspinner, Widderchen, Schwärmer, Augenspinner, Wollrückenspinner, Glucken, Sichelflügler, Holzbohrer, Wurzelbohrer, Glasflügler, Eulenfalter und Spanner.

1: Abgelegtes Schwalbenschwanzei

2: Die geschlüpfte Jungraupe frißt die Eihülle

3: Jungraupe nach der ersten Häutung

Vom Ei zum Falter

Der Schwalbenschwanz *(Papilio machaon)* legt seine etwa 1mm großen Eier einzeln an die Blätter der Raupenfutterpflanze. Etwa 10 Tage nach der Eiablage schlüpfen die ersten Jungräupchen aus. Als erste Nahrung dient ihnen die leere Eischale, die sie bald nach dem Schlupf verzehren. Schmetterlingsraupen fressen sehr viel und wachsen sehr schnell. Da ihre Haut – wie bei allen Insekten – nicht mitwächst und nur begrenzt dehnbar ist, müssen sie sich bis zum Verpuppungsstadium vier- bis fünfmal häuten. Meist ist die neue Haut anders gefärbt als die alte – vielleicht eine Anpassung an die Futterpflanze? Etwa 4–6 Wochen nach der Eiablage beginnt die Verpuppung. Die Raupe

4: Raupe nach der zweiten Häutung

5: Vierte und letzte Raupenhaut

Vom Ei zum Falter

6: Die Raupe „hängt sich auf"

7: Am „Seidenband" befestigte Gürtelpuppe

spinnt sich zunächst einen Seidengürtel, mit dem sie sich an einem Stengel der Futterpflanze befestigt. Durch eine letzte Häutung verwandelt die Raupe sich dann in die Puppe. In der Puppe findet dann innerhalb von 2–4 Wochen die Umwandlung von der Raupe in den Schmetterling statt. Kurz vor dem Schlüpfen sieht man schon die Flügel durch die Puppenhaut schimmern. Die Puppenhaut reißt an einer vorbestimmten Stelle auf und innerhalb weniger Sekunden zwängt sich der Falter ins Freie. Er pumpt Blut und Luft in die Adern der noch zusammengefalteten Flügel. Nach etwa 10 Minuten sind die Flügel dann entfaltet, müssen vor dem Davonfliegen aber erst noch austrocknen – eine gefährliche Zeit für den schönen Falter.

8: Der Falter zwängt sich aus der Puppenhaut

9: Frisch geschlüpfter Falter

10: Entfalteter, abflugbereiter Falter

Die Schwärmer – hier ein Windenschwärmer *(Herse convolvuli)* – besitzen sehr lange Saugrüssel, die oft ein Dreifaches ihrer Körperlänge ausmachen. Damit kommen sie selbst an den Nektar in den engen und tiefen Blütentrichtern von Winden und Petunien.

Schmetterlinge erleben

Der Religionsstifter Buddha richtete seine letzte Rede an die Schmetterlinge, weil er von ihnen mehr über das Leben gelernt habe als aus sämtlichen Schriften der Brahmanen. Und Theodor Storm widmete diesen zauberhaften Geschöpfen ein Gedicht: "Hüte, hüte den Fuß und die Hände/eh sie berühren das ärmste Ding!/denn Du zertritts eine häßliche Raupe/ und tötest den schönsten Schmetterling!" Aber was wissen wir eigentlich über diese Insektengruppe? Wie verläuft ihre Entwicklung vom Ei zum Falter? Wie finden sich die Geschlechter? Was passiert in der Puppe? Welche Feinde hat ein Schmetterling und wie entgeht er ihnen? Wie überstehen die Schmetterlinge Eis und Schnee? Diese und viele Fragen mehr werden im nachfolgenden Kapitel ausführlich beantwortet.

Vom Ei zum Falter

Die Schmetterlinge gehören zu der Gruppe von Insekten, die eine vollständige Verwandlung (Metamorphose) durchlaufen, das heißt, sie machen vier verschiedene Entwicklungsstadien durch: Ei – Raupe – Puppe – Falter.
Der Schmetterling als Falter ist bei seiner „Geburt" vollständig entwickelt und ausgewachsen. Es gibt also keine jungen, halberwachsenen Falter.

Das Liebesleben der Schmetterlinge

Ziel des Schmetterlingslebens ist es, einen andersgeschlechtlichen Partner der eigenen Art zu finden, um sich zu vermehren und die Art zu erhalten. Manche widmen sich dieser Aufgabe so ausschließlich, daß sie auf jegliche Nahrungsaufnahme verzichten, nur dem Liebesleben leben und nach Paarung oder Eiablage sterben. Bei manchen Arten findet die Begattung schon kurz nach dem Schlüpfen statt, bei anderen sind die Falter erst später geschlechtsreif. Das ist vor allem bei den Arten der Fall, die als Falter überwintern und sich dann erst im Frühjahr paaren. Bei den meisten Schmetterlingen beginnen die Weibchen sofort nach der Paarung mit der Eiablage. Die Männchen müssen sich bei der Brautwerbung schon deshalb beeilen, weil die Weibchen nicht unbedingt auf sie warten: Die Eizellen entwickeln sich unabhängig von der Begattung zur Ablagereife und werden bei vielen Arten auch unbefruchtet abgelegt. Man nennt dies Jungfernzeugung (Parthenogenese).

Jungfernzeugung

In unbefruchteten Eiern entwickelt sich im allgemeinen kein Keimling. Bei einigen Schmetterlingsarten sind allerdings auch unbefruchtete Eier voll entwicklungsfähig, zum Beispiel bei den Faltern der Familie der Sackträger oder Sackspinner (→ Seite 62/63). Die Männchen leben oft nur wenige Stunden. Sobald sie flugfähig sind, machen sie sich in hastigem Flug auf die Suche nach einem Weibchen, die flügellos sind und auch nach dem Schlüpfen im oder an ihrem Puppengehäuse bleiben und mit Duftstoffen die Männchen anlocken. Sofort nach der Begattung stirbt das Männchen.

Wie sich die Geschlechter finden

Im allgemeinen ist es Aufgabe der Männchen, die Weibchen zu finden. Manche Tagfalterarten, zum Beispiel der Kaisermantel *(Argynnis paphia)*, führen sogar regelrechte Balzflüge auf. Und wenn mehrere Männchen um dasselbe Weibchen werben, kommt es oft zu turbulenten Luftkämpfen und Verfolgungsjagden.
Für die Partnerfindung verlassen sich die Schmetterlinge nicht nur auf die Augen – bei den Tagfaltern allerdings spielt dieses Sinnesorgan eine wichtige Rolle. Die Männchen der Tagfalter orientieren sich bei der Partnersuche fast ausschließlich an der Farbe, Form und Größe des Weibchens spielen nur eine untergeordnete Rolle. So kann es passieren, daß sie statt des Weibchens ähnlich gefärbte tote Dinge anbalzen, in der Meinung, ein Weibchen vor sich zu haben. So konnten zum Beispiel Männchen des Zitronenfalters beobachtet werden, die minutenlang einen blaßgrünen Plastiksack umbalzten, ja sich sogar daraufsetzten und ihn mit den Fühlern betrommelten. Die Nachtfalter dagegen finden ihre Partne-

Zum Bild: Lindenschwärmer *(Mimas tiliae)* bei der Paarung. Bei den Nachtfaltern werden die Männchen von den paarungsbereiten Weibchen durch artspezifische Duftstoffe oft über weite Entfernungen angelockt. ▶

rin hauptsächlich über den Geruchssinn. Bei vielen Arten besitzen die Weibchen eine Drüse am Hinterleib, aus der sie ganz spezielle Duftstoffe (Pheromone) ausscheiden können. Mit der Aussendung dieses Sexuallockstoffes signalisiert das Weibchen ihre Paarungsbereitschaft. Diese Duftstoffe sind artspezifisch und so intensiv, daß die entsprechenden Männchen oft über eine Entfernung von vielen Kilometern angelockt werden. Mit den federartigen Fühlern können die Männchen die Duftmoleküle sozusagen aus der Luft „herauskämmen" und aus der Zu- oder Abnahme ihrer Anzahl die Richtung bestimmen, in der die Auserwählte sitzt.
Auch die Schmetterlingsmännchen sondern Sexualduftstoffe ab, und zwar über ganz spezielle Duftschuppen oder Duftheare. Diese Duftstoffe sind dazu da, die Weibchen zu erregen und ihre Begattungsbereitschaft zu erhöhen.

Die Paarung – der Beginn neuen Lebens

Die Tagfalterweibchen signalisieren ihre Paarungsbereitschaft, indem sie sich mit heruntergeklappten Flügeln und hochgebogenem Hinterleib auf eine Blüte setzen und am ganzen Körper zu zittern beginnen. Jetzt kann das Männchen die Begattung einleiten, indem es sich mit seiner Genitalarmatur am Hinterleibsende in den passenden Halterungen an der weiblichen Geschlechtsöffnung verankert. Diese „Verankerung" ist äußerst fest, die Paare können sogar während der Kopulation fliegen – manche freiwillig, andere nur, wenn sie aufgescheucht werden. Aktiv fliegt allerdings nur einer der Partner – meist das Männchen – der andere läßt sich völlig bewegungslos mittragen.
Die der Begattung dienenden Organe liegen bei den Schmetterlingsweibchen im Inneren des Körpers. Bei den Männchen sind die Begattungsorgane hauptsächlich außenliegende Anhängsel am Hinterleib. Die Kopulationsorgane (Genitalarmaturen) sind von einer großen Vielgestaltigkeit und von Art zu ganz unterschiedlich geformt. Sie wirken nach dem Schlüssel-Schloß-Prinzip, das heißt, sie sind so gebaut, daß immer nur die artgleichen Partner zueinanderpassen.
Bei den Weibchen liegt die Begattungsöffnung nicht am Hinterende des Körpers sondern befindet sich bauchseits zwischen dem siebten und achten Hinterleibssegment.
Nachtfalter vereinigen sich meist am Boden, aber auch an Baumstämmen, Steinen oder ähnlichen Ruheplätzen. Bei der Begattung sitzen die Männchen dann meist kopfunter. Bei den Tagfaltern dauert die Begattung in der Regel einige

Zum Bild: Paarungsbereites Weibchen vom Kleinen Nachtpfauenauge *(Saturnia pavonia)*, das aus einer Drüse am Hinterleibsende (im Bild grün) Sexualhormone – Duftstoffe, mit denen Männchen angelockt werden – ausströmt.

Frisch begattetes Weibchen des Apollofalters mit Begattungssiegel (Sphragis) am Hinterleib.

Stunden, Nachtfalter bleiben oft bis zu zwei Tagen miteinander verbunden.
Das Weibchen wird in der Regel nur einmal begattet, bei manchen Arten jedoch auch mehrmals. Begattung und Befruchtung erfolgen bei den Schmetterlingen unabhängig voneinander. Die übertragenen Samen werden in der weiblichen Begattungstasche (Bursa copulatrix) gespeichert, und jedes Ei wird erst unmittelbar vor der Ablage befruchtet.
Während sich einige Schmetterlingsarten, zum Beispiel die Apollos oder die Nachtpfauenaugen bereits kurz nach dem Schlüpfen paaren, müssen andere, zum Beispiel die Schillerfalter, zuerst noch einige Tage oder Wochen Nahrung aufnehmen, damit die Eier heranreifen, denn ihre Weibchen schlüpfen mit noch unentwickelten Eierstöcken.

Zum Bild: Die Weibchen des Schwarzen Apollofalters *(Parnassius mnemosyne)* tragen einen „Keuschheitsgürtel" ganz besonderer Art: Nach der Paarung heftet das Männchen seiner Partnerin ein sogenanntes Begattungssiegel an, das aus einer hornartigen Masse besteht und eine nochmalige Begattung verhindert.

Eiablage

Nach der Paarung beginnt das Weibchen mit der Eiablage. Die Eier – ihre Anzahl variiert von Art zu Art von einigen Dutzend (zum Beispiel beim Schwalbenschwanz) bis zu mehreren Tausend (bei Trägspinner- und Eulen-Arten) – werden von den Weibchen meistens direkt an der Futterpflanze der Raupen abgelegt.
Die Ablage erfolgt entweder einzeln oder in mehr oder weniger großen Hau-

fen. Einige wenige Arten lassen die Eier einfach wahllos während des Fluges fallen. Die Wurzelbohrer zum Beispiel, deren Raupen an und in Wurzeln leben, streuen ihre Eier im Flug über geeignete Baum- oder Strauchbestände. Auch die Augenfalter, deren Raupen an Gräsern leben, werfen ihre Eier im Flug über geeigneten Gebieten ab. Der Apollofalter legt die Eier wenigstens in der Nähe der Futterpflanze, der Hauswurz, am Boden ab, so daß die schlüpfenden Raupen leicht zur Futterpflanze gelangen können. Die meisten Schmetterlingsweibchen dagegen heften die Eier mit einem klebrigen, wasserfesten Eiweißsekret, das aus den Kittdrüsen in den Eileiter abgegeben wird und mit dem Ei ins Freie gelangt, direkt an die Wirtspflanze der Raupe oder zumindest in deren Nähe an andere Gegenstände. Bei den Trägspinnern und Bärenspinnern legen die Weibchen alle Eier auf einmal an ein und demselben Ort ab, entweder häufchenweise oder aber regelmäßig verteilt, wie der Ringelspinner (→ Seite 158), der die Eier wie eine Art Armband um einen Zweig klebt. Beim Goldafter (→ Seite 90) und beim Schwammspinner (→ Seite 92) bedecken die Weibchen die Eier noch mit Haaren (Afterwolle) aus den in Haarbüscheln am Hinterleibsende oder mit haarförmigen Schuppen (Eierschwamm). Viele Nachtfalterarten schieben die Eier auch mit Hilfe der Legeröhre in Rindenritzen, Blattscheiden, den Ansatz von Knospen oder andere schützende Höhlungen.
Bei Schmetterlingsarten, bei denen die Eier nicht auf einmal an eine Platz, sondern zerstreut, einzeln oder paarweise abgelegt werden, zieht sich die Eiablage oft über Wochen hin.

Das Ei – vielfältig und kennzeichnend

Form und Feinstruktur der Schmetterlingseier sind sehr vielfältig und meist für jede Art, zumindest aber Gattung kennzeichnend, so daß viele Schmetterlinge schon aufgrund ihrer Eier exakt bestimmt werden können. Es gibt kugelige, halbkugelige, ovale, scheibenförmige, kgelförmige, birn-, napf- und seeigelförmige Eier. Alle Eier lassen sich in in zwei Grundtypen einordnen: die aufrechte Form und die liegende oder flache Form. Bereits die grobe äußere Form des Eies erlaubt in den meisten Fällen eine Zuordnung zu einer bestimmten Familie. So sind zum Beispiel die Eier der Weißlinge vasenförmig-länglich, die Eier der Bläulinge dagegen scheibenartig mit wabenartiger Oberfläche, und die der Ritterfalter kugelig.
Die harte Oberfläche des Eies, das Chorion, wird von einer chitinähnlichen Substanz gebildet. Meist ist die Oberfläche der Eischale körnig oder netzartig und zur Verstärkung noch mit Längs- oder Querrippen versehen. An einem Pol des Eies liegt die Mikropyle, ein sieb- oder schlitzartiges, kompliziertes Gangsystem, durch das die Samenzellen in das Innere des Eies gelangen und die Eizelle befruchten können. Liegt diese Mikropyle an der Eispitze, so handelt es sich um eine aufrechte Eiform, liegt sie an der Seite, so handelt es sich um den liegenden oder flachen Eityp. Der Durchmesser eines Schmetterlingseies schwankt zwischen 0,2 und 2,6 Millimetern. Die größten Eier findet man bei einigen großen Schwärmer-, Spinner- und Eulenfalter-Arten.
Bei der Eiablage ist die Eischale meist gelblichweiß und weich. Nach kurzer Zeit erstarrt die Eihülle jedoch und die Eier erhalten ihre Grundfärbung. Je nach Art verfärben sie sich gelb, grün, braunrot, oder schwarz. Die Eier der Glucken und Ordensbänder sind sogar bunt gefärbt. Diese Färbung bleibt manchmal bis zum Schlüpfen der Raupen erhalten, manchmal verändert sie sich aber auch mit der Entwicklung des Embryos. Geht es auf das Ende der Raupenentwicklung zu, so schimmern für gewöhnlich die kleinen Raupen durch die Schale.

Eiablage

Weibchen des Landkärtchens *(Araschnia levana)* bei der Eiablage.

Zum Bild: Das Weibchen des Landkärtchens heftet als einziger Falter seine Eier hintereinander in herabhängenden, starren Strängen an die Blattunterseite der Futterpflanze der Raupen.

Futterpflanzen sind im Halbschatten stehende Brennesseln.

Jedes Weibchen setzt mehrere Gelege mit jeweils rund einem halben Dutzend Strängen bestehend aus 10-15 Eiern ab.

Eine Raupe entsteht
Die Entwicklung der Raupe beginnt unmittelbar nach der Befruchtung und dauert je nach Art und Klima unterschiedlich lang. Im allgemeinen liegen die Entwicklungszeiten zwischen zehn und zwanzig Tagen. Temperaturschwankungen von einigen Graden können die Entwicklung der Raupen jedoch wesentlich beeinflussen. Temperaturen über 40° C und unter 0° C können den Keimling im Ei absterben lassen. Niedrige Temperaturen überstehen nur die Eier, die von Natur aus überwintern und darauf eingestellt sind. Hier wird die Entwicklung der Raupe im Ei in einem frühen Stadium durch eine sogenannte Diapause unterbrochen, um dann im Frühjahr bei Erwärmung fortgesetzt und abgeschlossen zu werden. Bei einigen Arten wächst aber auch im Herbst der Keimling bis zum fertigen Räupchen heran, überwintert jedoch in der schützenden Eischale und schlüpft erst in den warmen Frühlingstagen aus. Auch zu große Feuchtigkeit oder extreme Trockenheit kann den Eiern schaden und die Entwicklung des Keimlings empfindlich stören oder gar unterbinden.

Freßstadium Raupe
Fressen, fressen und nicht gefressen werden, so könnte das Leben der Schmetterlingsraupen zusammengefaßt werden. Denn Aufgabe jeder Raupe ist es, zu fressen, um zu wachsen und Energie für die spätere Umwandlung in den fertigen Falter zu speichern.
Zum Schlüpfzeitpunkt beißt sich die Jungraupe meist durch den der Mikropyle gegenüberliegenden Pol und beginnt sofort mit ihrer Lebensaufgabe, dem Fressen, indem sie die Dotterreste und die Eischale verzehrt und sich dann über die Futterpflanze hermacht. Die Freßlust einiger Raupen ist geradezu verblüffend. Die Raupe des Schwalbenschwanzes zum Beispiel vermag ihr Gewicht innerhalb von zwei Wochen zu vertausendfachen, eine Leistung, die wohl von keinem anderen selbständigen Lebewesen errreicht wird.
Die allermeisten Raupen sind Vegetarier, einige nehmen auch tierische Stoffe auf und ganz wenige sind sogenannte Mordraupen, die andere Raupen anfallen und auffressen. Hierzu gehören zum Beispiel zwei Arten aus der Familie der Eulen. Zahlreiche Raupen sind monophag, das heißt, sie leben nur auf einer Pflanzenart oder -gattung und verhungern lieber, als daß sie sich an anderes Futter heranmachen. Die meisten Arten sind jedoch polyphag, das heißt, sie fressen an Pflanzen verschiedener Pflanzenfamilien oder -gattungen. Die Raupen mancher Schmetterlingsfamilie bevorzugen aber auch ganz bestimmte Pflanzenfamilien. So leben die Raupen der Weißlinge zum Beispiel vorzugsweise auf Kreuzblütengewächsen, die Raupen der Widderchen an Schmetterlingsblütlern. Andere Raupen sind in Sachen Futter weniger wählerisch und leben auf und von den unterschiedlichsten Pflanzen. Einige Arten wechseln im Verlauf ihrer Entwicklung die Wirtspflanze.
Manche Raupen fressen im Innern von Pflanzen (ektophage Raupen), andere fressen nur von außen (endophage Raupen). Große Raupen fressen die Blätter meist von der Spitze her auf, indem sie die Blattkante Stück für Stück abbeißen. Kleine Raupen schaben nur das weiche Blattzellgewebe ab und lassen die härteren Blattadern stehen.
Manche Raupen scheinen eine gewisse Aufgabe als Gesundheitspolizei zu über-

Zu den Bildern: Aus der Form der Eier kann der Fachmann oft schon auf den schlüpfenden Falter schließen. Jedes Ei ist von einer typisch strukturierten dicken Schutzhülle umgeben und wird oftmals noch mit Haaren oder einer speziellen Wachsschicht vom Weibchen versehen.

Verschiedene Eitypen

Ei vom Akazienzipfelfalter

Weißlings-Ei

Ei vom Scheckenfalter

Weißlings-Ei

Weißlings-Ei

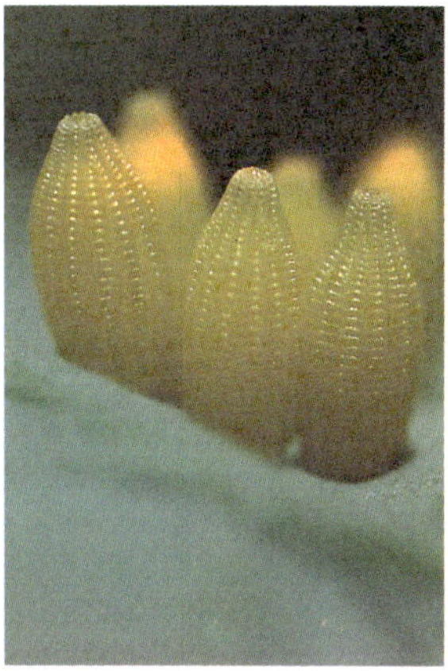
Ei vom Großen Kohlweißling

Bläulings-Ei

Bläulings-Ei

Bläulings-Eier

nehmen, da sie verkrüppelte oder anderweitig geschwächte Futterpflanzen kräftigen, gesunden Exemplaren vorziehen.

Der Körper der Raupe

So vielfältig wie die Falter, so verschiedenartig gefärbt und ausgeprägt sind auch die Raupen. Es gibt nackte Raupen, kurz behaarte Raupen, stark behaarte Raupen und Raupen, die mit Dornen und Warzen besetzt sind (→ Raupen bestimmen, Seite 168 ff.). In ihrem Körperbau sind die Raupen jedoch gleich: Der Raupenkörper besteht aus dem Kopf, drei Brustsegmenten und elf Hinterleibssegmenten.

Der Kopf ist eine stabile, meist dunkel gefärbte, kugelige Kapsel, die mehrere Punktaugen, ganz kleine Fühler und kräftige, zum Kauen eingerichtete Mundwerkzeuge trägt.

An den Brustsegmenten sitzt je ein Paar gegliederte Brustbeine, die Hinterleibssegmente dagegen sind nur mit „unechten Beinen“ (Bauchfüße oder Nachschieber), ungegliederten Ausstülpungen der Bauchhaut versehen.

Die Zahl der klammerartigen Bauchfüße schwankt von Familie zu Familie sehr stark. In der Regel sind vier Paar vorhanden, und zwar am dritten bis sechsten Hinterleibssegment, sowie ein Paar kräftige Nachschieber am zehnten Segment. Bei den Spannerraupen fehlen die ersten drei Bauchfußpaare, weshalb sich diese Raupen nur „spannend“ fortbewegen können.

Der innere Bau der Raupe entspricht in etwa dem des Falters, ist aber viel einfacher. Der Verdauungsapparat ist so eingerichtet, daß die Raupe pausenlos fressen kann. Verdaut wird im Mitteldarm, der dann auch etwa zwei Drittel

Raupe des Großen Nachtpfauenauges.

Zum Bild: Die Raupe des Großen Nachtpfauenauges schützt sich vor Freßfeinden durch dornige Warzen mit langen Haaren.

Zum Bild: Die allermeisten Raupen besitzen drei Greiffußpaare an den Brustringen (im Bild links), vier Paar kräftige Bauchfüße am dritten bis sechsten Hinterleibssegment (Bildmitte) und ein paar kräftige Nachschieber am Körperende (im Bild rechts). Die Bauchfüße sind mit einem Kranz feiner Chitinhäkchen besetzt.

der Körperlänge einnimmt. Am meisten Platz beansprucht der Fettkörper, das Energiereservoir für den Falter.
Alle Raupen besitzen paarige Spinndrüsen auf beiden Seiten des Darmes, die vor allem bei den Spinnern sehr gut entwickelt sind.

Zum aus der Haut fahren

Wer viel frißt, der wächst auch rasch. Nun ist aber die chitinisierte Raupenhaut nicht unbegrenzt dehnbar, so daß die Haut mit zunehmendem Wachstum erneuert werden muß. Unter der alten, zu klein gewordenen Haut bildet sich eine neue, größere, in Falten liegende Haut mit allen Teilen (Kopf, Haare, Borsten). Die Häutung selbst wird durch verschiedene Hormone ausgelöst und gesteuert. Die Raupe zieht den Kopf aus der alten Kopfkapsel, sprengt vorne die alten Haut auf und streift sie nach hinten ab. Vor der Häutung stellen die Raupen das Fressen ein und verharren bis zu drei Tage praktisch regungslos an der gleichen Stelle. Die meisten Raupen verändern ihr Aussehen mit jeder Häutung; die alte Haut wird in der Regel aufgefressen. Die Dauer des Raupenstadiums ist sehr verschieden lang. Bei vielen Arten dauert es nur drei bis vier Wochen, bei überwinternden Raupen viele Monate und bei den holzfressenden Raupen oft mehrere Jahre.

Ruhe- und Verwandlungsstadium Puppe

Zur Verpuppung, der Umwandlung von der erdgebundenen, ständig fressenden Raupe zum fliegenden Edelstein Schmetterling, suchen sich die Raupen nicht selten weit weg von der Futterpflanze eine geschützte Stelle. Schwärmer-, Eulen- und Spannerraupen gehen in die Erde und stellen sich mit Hilfe einer Schleimabsonderung glatte Höhlen her, in denen sie sich dann verpuppen. Der frischgeschlüpfte Falter muß sich dann, ums ans Licht zu kommen, erst durch die Erde kämpfen. Spinnerraupen spinnen sich vor der Verpuppung Kokons, die je nach Art aus einem über einen Kilometer langen Faden bestehen kann. Die Raupen der Tagfalter legen ein feines Gespinst an Zweigen und Blättern an, in dem sie sich frei sichtbar verankern. Die Raupen der Fleckenfalter, zu denen Kleiner Fuchs und Tagpfauenauge gehören, verpuppen sich kopfabwärts hängend. Die Weißlingsraupen spinnen zur Verpuppung einen Gürtel, der die Puppe in aufrechter Haltung hält.
Die Puppen werden je nach Beweglichkeit ihrer Körpersegmente in drei gruppen unterteilt:
Freie Puppen haben eine relativ weiche Haut, vordere Hinterleibsringe, Gliedmaßen und Kopf sind frei. Diesen Puppentyp besitzen die Ur- und Trugmotten.
Freigliedrige Puppen besitzen eine stärker chitinisierte Haut, und nur die drei mittleren Hinterleibssegmente sind frei beweglich. Diesen Puppentyp findet man bei den Wurzel- und Holzbohrern, den Widderchen und Echten Motten.
Mumienpuppen besitzen einen festen Panzer, nur das fünfte und sechste Hinterleibssegment können leicht verschoben werden. Die Mumienpuppen können wiederum in drei Gruppen unterteilt werden:
<u>Stürzpuppen</u>, die frei an geeigneten Unterlagen hängen und sich nur mit einem Hakengebilde (Kremaster) am Hinterleibsende an einer von der Raupe gesponnenen Unterlage festhaken.
<u>Gürtelpuppen</u> stehen auf dem Hakengebilde, sind aber zusätzlich durch einen gesponnenen Seidengürtel befestigt.
<u>Bodenpuppen</u> liegen einfach am Boden, in Grasbüscheln oder unter Steinen.
Die Mehrzahl der Puppen sind einfarbig bräunlich oder schwärzlich.

Ein Falter schlüpft

Das Puppenstadium dauert je nach Art von ein paar Tagen bis zu mehreren Jahren und ist nur äußerlich ein Ruhestadium. Im Innern der Puppenhülle gehen große Umbildungen und die Ausbildung der schon in den letzten Raupenstadien vorhandenen Anlagen zum Falter vor sich.
Der eigentliche Schlüpfvorgang dauert meist nur wenige Sekunden (→ Seite 18/19). Die Flügel des Falters sind beim Schlüpfen noch häutige, stark gefaltete Säckchen. Um sie zu entfalten, hängt sich der Falter irgendwo an und pumpt Luft und Blut in die Flügeladern. Nach etwa zehn Minuten sind die Flügel geglättet und nach einer bis sieben Stunden erhärtet. Vor dem ersten Flug gibt der Falter noch die während des Puppenstadiums entstandenen Abfallstoffe, den Puppenharn (Mekonium) ab und dann beginnt sein mehr oder weniger langes Leben als Falter.

Zu den Bildern: Die Puppen der meisten Schmetterlingsfamilien können in die drei Gruppen eingeteilt werden: Stürzpuppen, Gürtelpuppen und Bodenpuppen. ▶

Verschiedene Puppenformen

Gürtelpuppe vom Baumweißling

Bodenpuppe vom Windenschwärmer

Stürzpuppe vom Wachtelweizen-Scheckenfalter

Stürzpuppe vom Kaisermantel

Raupe vom Kleinen Nachtpfauenauge

Bodenpuppe vom Apollofalter

Natürliche Feinde

Es gibt Schmetterlingsarten, die legen mehrere hundert, ja oft sogar Tausende von Eiern, und selbst die bescheidensten bringen es zumindest auf mehrere Dutzend. Würden sich aus allen Falter entwickeln, die wiederum die gleiche Anzahl Eier legten, wäre von den Raupen bald alles kahlgefressen, und die Schmetterlinge müßten selbst bald mangels geeigneter Futterpflanzen verhungern. Die uferlose Vermehrung der Schmetterlinge wird jedoch durch verschiedene Faktoren verhindert. So tragen der Mensch und die von ihm produzierten Gifte und Umweltveränderungen wesentlich zur Dezimierung der Falter bei, aber auch natürliche Feinde, Parasiten und Krankheiten sorgen dafür, daß die Schmetterlinge nicht überhandnehmen.

Die Eier und Puppen, vor allem aber die Raupen sind eine beliebte Beute von Vögeln, aber auch Spitzmaus, Igel, Kröte und Maulwurf machen sich an diese Stadien heran.

Die Hauptfeinde der Schmetterlinge sind aber ebenfalls Insekten: Der Puppenräuber, ein großer, metallisch glänzender Laufkäfer und seine Larve haben sich auf die Raupen und Puppen von Spinnern, vor allem Schwammspinner, Prozessionsspinner und Nonne, spezialisiert. Aus diesem Grund wird der Puppenräuber auch in den USA zur biologischen Schädlingsbekämpfung gezüchtet und eingesetzt. Die Rote Waldameise ist ein guter Helfer im Kampf gegen die Raupen von Waldschädlingen wie Kiefernprozessionsspinner und Nonne.

Sandwespen schleppen in Mengen nackte Schmetterlingsraupen in ihre Bruthöhlen.

Die Falter selbst sind nicht ganz so stark gefährdet wie ihre Entwicklungsstadien. Aber auch sie haben ihre Feinde. Sie fallen Vögeln zum Opfer oder bleiben in Spinnennetzen hängen. Auch Libellen und Raubfliegen, Jagdspinnen, Frösche und Eidechsen machen Jagd auf Schmetterlinge. Nachtfalter sind vor allem durch Fledermäuse, aber auch Eulen und Ziegenmelker gefährdet.

Parasiten

Hauptfeinde der Schmetterlinge sind die Schlupfwespen und die Raupenfliegen. Die Vertreter der Schlupfwespen beschaffen ihren Nachkommen keine

**Zum Bild: Schlupfwespen gehören zu den Hauptfeinden der Schmetterlinge und befallen alle Entwicklungsstadien.
Manche Schlufpwespenlarven verpuppen sich innerhalb des Raupenkörpers, andere außerhalb. Die außenliegenden Schlupfwespenpuppen werden oft fälschlicherweise als „Raupeneier" bezeichnet.**

Eine Jagdspinne hat einen Schmetterling erbeutet.

gelähmte Raupe, wie dies die Sandwespen tun, sondern legen ihre Eier direkt an oder in das lebende Objekt.
Die Weibchen durchbohren entweder die Haut der Schmetterlingsraupe mit ihrem Legestachel und versenken ein oder mehrere Eier in den Fettkörper der Raupe, oder sie legen das mit einem Stiel versehene Ei außen an der Raupe ab, befestigen es aber so, daß es auch beim mehrmaligen Häuten der Raupe nicht abgestreift werden kann. Die Parasitenlarven leben zunächst vom Fettkörper der Raupe. Je nach Zahl und Größe der Parasitenlarven kann die Raupe, ehe sie vollstandig von den Parasitenlarven aufgefressen wird, bis zur Verpuppung überleben. Dann leben die Parasitenlarven in der Puppenhülle weiter, in deren Schutz sie sich dann selbst verpuppen. Andere Parasitenlarven verlassen vorher den Raupenkörper und verpuppen sich außerhalb an der Raupe.

Zum Bild: Auf die Falter warten etliche Gefahren: Hungrige Vögel, Fledermäuse, Libellen und Jagdspinnen und verhängnisvolle Spinnennetze.

Krankheiten

Krankheiten bei Schmetterlingen konnten bisher fast nur bei den Raupen beobachtet werden und waren fast immer die Folge einer Infektion durch Bakterien, Viren oder Pilze. Kalksucht zum Beispiel ist eine Pilzkrankheit, die vor allem bei stark behaarten Raupen auftritt und den Raupenkörper wie mit Kalk eingestäubt erscheinen lassen. Gelb- oder Fettsucht wird durch einen Virus verursacht. Die Raupen werden glänzend und aufgetrieben, ehe sie sterben. Schlaffsucht wird durch Bakterien verursacht, die den Körper der Raupen zu einem faulig riechenden Brei zersetzen.

Tarnen

Vor ihren vielen Feinden schützen sich die Schmetterlinge je nach Art und Entwicklungsstadium auf die unterschiedlichste Art und Weise. Man kann diese Schutzmaßnahmen in vier Gruppen einteilen:
- Tarnen
- Täuschen
- Nachahmen
- Warnen.

Getarnte Falter

Sehr viele Schmetterlinge sind in ihrer Ruhestellung in der Färbung so an ihre Umgebung und den Untergrund auf dem sie sitzen, angepaßt (Verberge- oder Umgebungstracht), daß sie vor vielen Freßfeinden relativ gut getarnt sind. Viele Falter, aber auch Raupen und Puppen, haben diese Tarnung durch Anpassung an die Umgebung auf das Vollkommenste geschafft. Hierzu gehören zum Beispiel viele Falter aus der Gruppe der Spanner (Geometridae), hauptsächlich nachtaktiven Faltern, die tagsüber mit ausgebreiteten Flügeln auf Baumrinde, Steinen oder

Felsen ausruhen und erst nachts aktiv werden. Ihre Flügelfärbung ist so hervorragend an den entsprechenden Untergrund angepaßt, daß die Tiere oft erst auf den zweiten Blick gesehen werden. Man hat fast den Eindruck, die Falter würden sich ihren Ruheplatz nach ihrer Flügelfärbung aussuchen, so perfekt sind sie oft angepaßt.
Das wohl bekannteste Beispiel für die Anpassung an die Umgebung bietet der Birkenspanner *(Biston betularia)*, ein in der Laubwaldzone Europas und Asiens weit verbreiteter Spanner. Vor etwa hundert Jahren gab es von diesem Falter nur eine weiße, dunkel gesprenkelte Form, die hervorragend getarnt war, wenn der Falter sich auf der hellen Rinde von Birken oder anderen, mit hellgefärbten Flechten bewachsenen Bäumen niederließ. Als nun aber in Industriegebieten mit hoher Luftverschmutzung der Flechtenbewuchs der Baumstämme abstarb und Stämme, Äste und Zweige sich schwarz verfärbten, war der kleine Falter mit seiner hellgefleckten Zeichnung nicht mehr getarnt, sondern bot im Gegenteil ein auffallendes Ziel für seine Freßfeinde. Im Jahre 1848 trat dann auf einmal im Industriegebiet von Manchester in England eine einfarbig dunkelbraune fast schwarze Form *(f.carbonaria)* auf, die durch eine Erbänderung (Mutation) entstanden war. Unter normalen Umweltbedingungen hätte diese schwarze Form keine großen Überlebenschancen gehabt und auch keine Möglichkeiten, sich weiter zu vermehren, da die schwarzen Falter auf hellem Untergrund sicherlich bald alle ihren Freßfeinden zum Opfer gefallen wären. Durch die veränderten Umweltbedingungen hatte diese Form jedoch auf einmal eine höhere Überlebenschance als die helle Normalform und konnte sich

Unsichtbar durch Tarnung

Ist diese Aprileule *(Griposia aprilina)* nicht wunderbar getarnt?

◀ Zum Bild links: Der Kleine Fuchs *(Aglais urticae)* ist perfekt getarnt, wenn er in Ruhestellung mit zusammengeklappten Flügeln auf der Rinde von Bäumen sitzt. Sogar die Form seiner gezackten Flügelränder erinnert an die Ritzen in der Rinde.

▲ Zum Bild oben: Die Färbung der Aprileule schwankt zwischen Grau- und Hellgrün mit dunklen Flecken, je nach Vorkommen. Die gefleckte Zeichnung der Flügel sorgt auch dafür, daß der Körper scheinbar aufgelöst ist (Somatolyse).

Finden Sie die Raupen des Wermutmönches *(Cucullia absinthii)* auf den ersten Blick?

Zum Bild: Die Raupen des Wermutmönches sind in ihrer Zeichnung so perfekt an ihre Futterpflanze, den Wermut, angepaßt, daß ein darüberhinwegfliegender Vogel die schmackhafte Beute nicht ausmachen kann.

besser vermehren als diese. Fast überall in Mitteleuropa wurde nun die helle Form durch die dunkle verdrängt. Als dann Filteranlagen eingeführt wurden, und eine deutliche Verminderung der Abgase entstand, der Flechtenbewuchs wieder zunahm und auch die Luft nicht mehr so rußgeschwängert war, konnte man wieder eine deutliche Zunahme der helleren Formen feststellen.

Außer dem Birkenspanner gibt es noch eine ganze Anzahl anderer Nachtfalterarten, bei denen ganz verschiedene Farbvarianten auftreten, je nachdem, wo diese Art lebt und auf welchen Untergründen sie sich bevorzugt aufhält.

Die Verberge- oder Tarntracht geht sogar so weit, daß auch nicht zueinandergehörige Flügelteile, sofern sie nicht bedeckt sind, dieselbe Färbung und Zeichnung tragen. So zeigt zum Beispiel beim Aurorafalter *(Anthocharis cardamines)* die in Ruhehaltung nicht verdeckte Vorderflügelspitze unterseits dieselbe grünliche Zeichnung wie die Unterseite der Hinterflügel.

Die Federmotten (Familie Pterophoridae), kleine Nachtfalter mit tief eingeschnittenen, mit langen, haarförmigen Fransen besetzten Flügeln nehmen eine ganz spezielle Ruhehaltung ein, um von sich abzulenken und in die Irre zu führen. Sie legen ihre Flügel nicht dachartig übereinander, wie dies sonst die Nachtfalter tun, sondern sie strecken sie im rechten Winkel vom Körper ab und rollen sie dann noch ein, so daß der Falter nicht wie ein Schmetterling sondern eher wie eine Schnake oder ein Pflanzenteil aussieht. Wenn sich die Falter dann noch auf einer Unterlage ausruhen, die ihrer Färbung entspricht, können sie kaum erkannt werden und entgehen sehr vielen Freßfeinden.

Getarnte Raupen und Puppen

Aber nicht nur bei den Faltern gibt es solch eine Verberge- oder Anpassungstracht an die Umgebung, auch die Raupen und Puppen vieler Arten sind oft so gefärbt und strukturiert, daß sie kaum von ihrer Umgebung zu unterscheiden sind. Das ist vor allem bei den Puppen wichtig, die sich ja nicht mehr bewegen und die über längere Zeit an ein und demselben Ort verbleiben.

Viele Raupenarten wechseln sogar im Laufe ihrer Entwicklung mit jeder Häutung ihre Färbung, entweder, weil sie die Futterpflanze wechseln oder aber, weil die Futterpflanze, an der sie leben, sich im Laufe der Zeit auch verfärbt.

Die Raupen des Wermutmönches *(Cucullia absinthii)* zum Beispiel haben sich in ihrer Färbung vollkommen an die Blütenstände ihrer Futterpflanze, dem Wermut angepaßt und sind meist erst auf den zweiten Blick zu erkennen. Einem Vogel, der über die Pflanze hinwegfliegt, werden sie mit Sicherheit entgehen, einer Jagdspinne vielleicht weniger!

Die Raupen des Gestrichelten Braundickkopffalters *(Thymelicus lineola)* oder des Mauerfuchs *(Lasiommata megera)*, die an Gräsern leben, sind grün gefärbt und besitzen dazu noch hellere oder dunklerer Längsstreifen, die der Nervatur der Grasblätter täuschend ähneln.

Und die asselförmigen Raupen der Bläulinge sind in ihrer ersten Entwicklungszeit in der Farbe an ihre Futterpflanzen angepaßt und rötlich oder bläulich überhaucht. Erst wenn sie ihre Futterpflanze verlassen und sich von Ameisen in deren Bau eintragen lassen, nehmen sie eine andere Farbe an.

Baumbewohnende Wollraupen sehen auf ihrer Futterpflanze aus wie ein Ästchen oder Zweig. Sie tragen dazu auf ihrem elften Körpersegment noch eine deutliche Erhöhung, die aussieht, wie die Abrißnarbe eines Blattes.

Die Grasglucke *(Philudoria potatoria)* lebt an Riedgras und sieht dem faserig braunen Halm täuschend ähnlich, und auch die Raupe des Großen Eichenkarmins *(Catocala sponsa)* kann mit ihrer braun-grauen warzigen Haut leicht mit einem Zweig verwechselt werden.

Zum Bild: Auch die Puppe des Osterluzeifalters *(Zeryntia polyxena)* ist mit ihrer Fäbrung und Oberflächenstruktur zwischen den trockenen Pflanzenstengeln ihrer Umgebung hervorragend getarnt und läßt sich nicht so ohne weiteres von einem trockenen Pflanzenteil unterscheiden.

Täuschen

Räuber-Beute-Beziehungen laufen nicht immer nach der einfachen Ereignisfolge: Erkennen – Verfolgen – Zupacken ab. Mit allerhand farblichen Veränderungen und/oder Abwandlungen des eigenen Erscheinungsbildes, wirksam unterstützt durch ein entsprechendes Verhalten, versuchen viele Kleintiere, vor allem Insekten, der Scharfsinnigkeit ihrer Verfolger zu entgehen. Zwei grundsätzlich verschiedene Möglichkeiten sind dabei zu unterscheiden: die Mimese und die Mimikry.

Mimese

Unter Mimese versteht man die äußerst raffinierte farbliche oder gestaltliche Tarnung. Dem liegt eigentlich eine gezielte Signalfälschung (Form und Gestalt der möglichen Beute) zur Ablenkung des Signalempfängers (Räuber oder Verfolger) zugrunde. Wenn ein Schmetterling in ausgeprägter Tarnfarbigkeit ausschaut wie ein Stück flechtenbewachsene Baumrinde, erkennt der Verfolger

Sehen Sie die Spannerraupe links im Bild? Sieht sie nicht täuschend einem Zweigstück ähnlich, sowohl in der Färbung und Körperform, als auch in der Körperhaltung?

und Betrachter die vor ihm liegende oder sitzende Struktur einfach nicht als Beuteobjekt.

Mimese ist der Versuch des optischen Verschmelzens mit bestimmten Umgebungsstrukturen des Lebensraumes und/oder die Umgestaltung zu einem unauffälligen Bestandteil des Lebensraumes. Die Schmetterlinge beherrschen die trickreichen Mittel der tarnenden Travestie geradezu meisterhaft und ahmen eine Vielzahl natürlicher (lebloser ebenso wie belebter) Objekte nach mit der klaren Zielsetzung Verbergen und Verstecken.

Vorbilder bei den Raupen sind beispielsweise Zweigstücke, Steine und sogar Vogelkot. Die Spannerraupen zum Beispiel zeigen eine hervorragende Mimese: ihr langer, dünner, nackter oder nur spärlich behaarter Körper ist fast so gefärbt wie Ästchen oder Zweigstücke der Futterpflanze und zeigt darüber hinaus noch knotige Verdickungen oder Auswüchse, so daß das ganze Tier wie ein kurzes Zweigstück mit Blattansätzen wirkt. Außer der passenden Farbe und Gestalt nehmen die Tiere aber auch die entsprechende Haltung an. Sie klammern sich in der Ruhestellung nur mit ihren Hinterbeinen an der Unterlage – meist einem Zweigstück – an und halten den Körper gestreckt und schräg von der Unterlage abstehend. Das ist natürlich keine sichere Haltung und auf die Dauer auch recht anstrengend. Zur besseren Sicherung spinnen sie von der Mündung der Spinndrüse am Kopf einen dünnen Seidenfaden, den sie so an der Unterlage befestigen, daß der Körper straff abstehen kann – der Eindruck eines weiteren Zweigstückes ist perfekt!

Die grün-gelben Raupen des Birkenspinners *(Endromis versicolora)* sehen in der Färbung jungen Birkenblättern nicht

Mimese – Pflanze oder Tier?

Die Kupferglucke *(Gastropacha quercifolia)* sieht aus wie ein bald abfallendes Laubblatt.

Zum Bild: Die Vorder- und Hinterflügel der Kupferglucke sind so gefärbt und geformt, daß sie in Ruhestellung einem braunen Herbstblatt täuschend ähnlich sind. Wenn der Falter im Fallaub ruht, ist er kaum zu entdekken. Auch die zur gleichen Familie gehörende Pappelglucke *(Gastropacha populifolia)* ahmt ein Blatt nach. In der typischen Ruhestellung der Glucken stehen die Hinterflügel etwas unter den Vorderflügeln vor, so daß der Eindruck eines sich aufrollenden Blattes entsteht.

Das Moderholz *(Xylena exsoleta)* imitiert mit Erfolg ein Stück totes Holz.

unähnlich, wenn sie bei Bedrohung aber noch ihre typischen Schreckstellung einnahmen, das heißt, sich nur mit den hinteren Beinpaaren an der Unterlage festhalten und ihren Oberkörper aufrichten und nach hinten biegen, dann können sie von den Blättern kaum mehr unterschieden werden.

Die Raupen vom Rosenfleckspinner *(Thyatira batis)* sind unregelmäßig hell-dunkel gefärbt und besitzen viele Ausbuchtungen und Buckel. In Ruhestellung legen sich diese Raupen in U-Form auf ein Blatt ihrer Futterpflanze, der Himbeerpflanze, und ahmen damit, mit viel Erfolg, Vogelkot nach.

Auch die Puppen können aussehen wie ein Pflanzenteil. Die Puppe des Aurorafalters *(Anthocharis cardamines)* zum Beispiel sieht aus wie ein Dorn, wenn sie, nur mit einem fast unsichtbaren Seidengürtel befestigt am dürren Zweig hängt. Die Puppe vom Zitronenfalter *(Gonepteryx rhamni)* dagegen ist hell- bis dunkelgrün gefärbt und hängt oft an den Blattunterseiten des Faulbaums, wo sie hervorragend getarnt ist.

Die Falter erinnern dagegen häufiger an Totlaub oder für Insektenfresser völlig uninteressante Rindenstücke. Bunte Schmetterlinge, die eben noch als fliegende Juwele umhergaukelten, setzen sich hin, klappen die Flügel hoch und sehen aus wie ein welkes Blatt – mit passender Kontur, zerfranstem Blattrand und vortretender Aderung.

Vogelkot oder nicht?

Der Mondvogel oder Mondfleck *(Phalera bucephala)* gleicht in seiner Ruhestellung einem abgefallenen Zweigstück. Der „Mondfleck" auf den Vorderflügeln wirkt wie eine abgebrochene Seite, die Färbung der Haare auf dem Bruststück bilden die andere Abbruchstelle. Der restliche Flügelteil ist rindenartig gezeichnet. In der Regel kann sich der Schmetterling auf seine Tarnzeichnung verlassen und ist am Stamm sitzend vor Freßfeinden sicher. Eine Wicklerart, der Graue Knospenwickler *(Argyroploce variegana)* sieht in seiner Ruhestellung aus wie ein Häufchen Vogelkot. Dieser Kleinschmetterling hat deshalb im Schwäbischen den Namen „Spatzendreckle" bekommen.

Das Moderholz *(Xylena exsoleta)* bekam seinen deutschen Namen aufgrund seiner Färbung, die den Falter in Ruhestellung wie ein Stück moderndes Holz aussehen lassen. Auch der Pappelschwärmer *(Laothoe populi)* imitiert mit seinen ausgebreiteten Vorder- und Hinterflügeln sowohl in Färbung als auch in Form ein dürres Blatt.

Die Arten der Mönchseulen (*Cucullia* sp.) ähneln ebenfalls altem Holz oder Steinen. Sie sitzen deshalb tagsüber ganz offen auf solchen Unterlagen und sind nur mit großer Aufmerksamkeit zu erkennen. Kleine grüne Spannerarten (Familie Geometridae) sitzen tagsüber mit flach ausgebreiteten Flügeln auf der Unterseite von Blättern und sind daher auch nur schwer zu erkennen.

Auch viele Arten aus der Familie der Augenfalter (Satyridae) sehen sitzend wie ein Stück Rinde oder wie ein flechtenbewachsener Stein aus.

Zum Bild: Das Imitieren von Vogelkot kommt bei den Schmetterlingen nicht nur bei den Raupen vor, auch erwachsene Falter ahmen diese hervorragende Tarnung nach, zum Beispiel der Graue Knospenwickler, der im Schwäbischen auch „Spatzendreckle" genannt wird.

Nachahmen

Eine ganz andere Art, sich vor Freßfeinden zu schützen, ist das Vortäuschen falscher Tatsachen – die Mimikry. Auch diese Tarnung arbeitet mit der nachahmenden Signalfälschung. Dabei erwartet der Signalsender vom Signalempfänger jedoch eine klare, kalkulierbare Reaktion – gewöhnlich Abwendung und unter Umständen auch panische Flucht.

Mimikry

Die Mimikry verwendet durchweg eine sehr plakative Aufmachung mit grellfarbigen optischen Signalen. Mimikry lenkt also nicht ab, wie dies bei der Tarnung oder Mimese der Fall ist, im Gegenteil, sie erregt Aufmerksamkeit und setzt ein Warnsignal. Sie basiert auf der Voraussetzung, daß die nachgeahmten Tiere giftig, unangenehm oder ungenießbar für Räuber sind, und daß diese Arten auffällige Farbzeichnungen in den Warnfarben Schwarz, Gelb und Rot tragen, die von den Freßfeinden erkannt und mit „nicht als Beute geeignet“ verbunden werden. Nun haben andere harmlose und auch schmackhafte Schmetterlinge ähnliche Farbmuster und Körperformen ausgebildet, um dadurch den Schutz ihres „gefährlichen Vorbilds“ zu genießen. Man nimmt an, daß die räuberischen Arten schnell lernen, die Färbung und die allgemeine Erscheinung der wehrhaften oder ungenießbaren Arten zu erkennen und zu meiden. Das geht jedoch nur, wenn Vorbild und Nachahmer miteinander im gleichen Gebiet vorkommen und zum Beispiel ein junger, noch unerfahrener Vogel schon einmal den Versuch gemacht hat, eine Hornisse oder Wespe zu fressen. Aus dieser schmerzhaften Erfahrung hat er gelernt, daß die Farbkombination schwarz-gelb von Übel für ihn ist und wird künftig derartig gefärbte Tiere tunlichst meiden. Außerdem sollten die Vorbilder auch in größerer Zahl vorhanden sein, damit der Räuber auch wirklich schon eine unangenehme Erfahrung hinter sich hat.

Man unterscheidet zwei grundlegende Formen der Mimikry: Die Batessche Mimikry, bei der eine schmackhafte Art eine ungenießbare nachahmt, und die Müllersche Mimikry, bei der mehrere ungenießbare und oft gar nicht miteinander verwandte Arten dasselbe Farbmuster tragen. Weshalb dies, fragt man sich? Aber auch diese Mimikry leuchtet ein, denn in einem bestimmten Gebiet wird immer erst eine bestimmte Anzahl von warnfarbigen Tieren geopfert werden müssen, bis auch alle Freßfeinde gelernt haben, daß diese Färbung „Vorsicht, ungenießbar“ bedeutet. Wenn nun mehrere ungenießbare Arten das gleiche Warnmuster tragen, ist der Verlust jeder einzelnen Art nicht ganz so groß.

Die Schmetterlinge der Familie der Glasflügler (Aegeriidae) ahmen zum Beispiel Bienen, Wespen oder Hornissen nach. Der Hornissenschwärmer *(Aegeria apiformis)* hat eine frappierende Ähnlichkeit mit einer Hornisse. Seine Flügel sind nur an den Rändern mit Schuppen bedeckt, die übrigen Flügelteile erscheinen glasklar. Der relativ kurze und dicke Körper ist gelb-schwarz geringelt, die fehlende „Wespentaille“ mit einem breiten dunklen Ring angedeutet.

Unter den Schwärmern (Familie Sphingidae) gibt es auch einige Arten, die wehrhafte Vorbilder nachahmen, zum Beispiel der Hummelschwärmer *(Hemaris fuciformis)* oder der sehr ähnliche Skabiosenschwärmer *(Hemaris scabiosae)*. Ihre Flügel sind wie bei den Glasflüglern weitgehend unbeschuppt und

Wespe oder Falter?

Himbeer-Glasflügler *(Bembecia hylaeiformis)* bei der Paarung.

Zum Bild: Der Himbeer-Glasflügler ahmt Wespen nach, was ihm – abgesehen von seiner nicht vorhandenen Wespentaille – auch sehr gut gelingt. Die Falter sind durch ihre Warnfarbe in der Regel gut geschützt – es sei denn, ein unerfahrener Vogel, der noch keine Erfahrung mit einer richtigen Wespe gemacht hat, stürzt sich auf sie.

Buchenspinner-Raupe von der Seite

Buchenspinner-Raupe von vorn

Raupe der Erleneule in Ruhestellung

glasig durchsichtig. Der kurze, kräftige Körper und die Beine sind stark behaart. Die Hinterflügel sind bei diesen beiden Faltern extrem klein.

Raupe, Spinne oder Ameise?
Nicht nur die Falter ahmen ungenießbare oder wehrhafte Tiere nach, die Raupen können das genauso gut. So ahmen zum Beispiel die harmlosen Raupen der Erleneule *(Apatele alni)* mit ihrer schwarz-gelben Ringelung die giftigen Raupen des Jakobskrautbärs *(Tyria jacobaea)* nach. Die gesellig lebenden Raupen des Jakobskrautbärs bauen Giftstoffe ihrer Wirtspflanze, dem Jakobskreuzkraut *(Senecio jacobaea),* in ihren eigenen Körper ein und zeigen ihre Giftigkeit durch eine gelb-schwarze Ringelung an, die unzweideutig ist. Und die harmlose und ungiftige Erleneule schützt sich mit derselben Färbung. Ein typisches Merkmal dieser Raupe ist, daß sie sich bei Störungen immer zu einem Fragezeichen krümmt.
Die Raupen des Buchenspinners *(Stauropus fagi)* sieht besonders merkwürdig aus: Ihr mittelbraun- bis dunkelbraun gefärbter Körper trägt auf dem Rücken zwischen dem dritten und achten Körpersegment je einen paarigen Höcker.

Zu den Bildern: Nicht nur Falter, auch Raupen benützen die Mimikry und ahmen wehrhafte oder ungenießbare Tiere oder Artgenossen nach – entweder mit einer auffälligen Färbung oder einer besonders ausgeklügelten Körperform und -haltung.
Die Raupe des Buchenspinners *(Stauropus fagi)* ahmt in Ruhestellung von der Seite gesehen eine Ameise nach, von vorn betrachtet eine Spinne. Die Raupe der Erleneule *(Apatele alni)* dagegen ahmt die giftigen Raupen des Jakobskrautbär nach.

Vortäuschung falscher Tatsachen

Der Hummelschwärmer *(Hemaris fuciformis)* ahmt fast täuschend echt eine Hummel nach.

Die Brustbeine sind spinnenartig verlängert, das Hinterleibsende ist verdickt, das letzte Beinpaar zu kurzen Keulen umgebildet. In Ruhestellung stellt die Raupe den Hinterleib auf und schlägt in nach vorn, legt die Brustbeine aneinander und streckt sie nach vorne aus. So ähnelt sie von der Seite gesehen einer großen Ameisen, von vorn betrachtet einer angreifenden Spinne – keinesfalls jedoch einer harmlosen Raupe.

Die Widderchen *(Zygaena sp.)* enthalten giftige Substanzen in ihrer Blutflüssigkeit, die sie ungenießbar machen. Unter ihnen gibt es Arten, wie *Zygaena ephialtes*, die nicht warnfarbig rotschwarz oder gelb-schwarz sondern ganz schwarz gefärbt sind. Diese Färbung benützt die ungiftige Scheinzygaene *Syntomis phegea* als Schutz. Sie kommt aber nur dort vor, wo das schwarze Widderchen ebenfalls lebt – sonst hätte die Vortäuschung falscher Tatsachen auch keine Wirkung, denn die Freßfeinde hätten ja mit dem ungenießbaren Vorbild keine schlechte Erfahrung gemacht und würde auch vor der Scheinzygaene keinen Halt machen!

Zum Bild: Wären nicht die langen, kolbig verdickten Fühler, könnte man den Hummelschwärmer mit seinem dicken, behaarten Körper und den glasigen Flügeln in der Tat für eine Hummel halten. Spätestens beim Nektarsaugen würde die Täuschung jedoch auffallen – der Hummelschwärmer schwebt nämlich wie ein Kolibri vor der Blüte und streckt seinen langen Rüssel tief in die Blütenröhren hinein.

Warnen

Schmetterlinge können sich vor Freßfeinden jedoch noch durch eine vierte Art schützen, die sogenannte Warntracht oder Schrecktracht.

Erschreckende Augen

Eine Gruppe von Signalfälschern verwendet als Vorbild das typische Gesicht eines beutegreifenden Wirbeltieres – genauer gesagt, dessen bedrohlich blickendes Augenpaar. Vor allem Schmetterlinge wie die Pfauen"augen", die bei einer überraschenden Attacke durch Vögel nicht rasch genug außer Schnabelreichweite gelangen, bereiten ihren Verfolgern durchaus aufregende Augenblicke, indem sie lediglich die Flügel mit dem Augenmuster passend zurechtrücken. Erstaunlich ist der perfekte Detailreichtum der verwendeten Augen-Makeups: die dunkle Umrandung fehlt ebenso wenig wie die farbig aufleuchtende Iris, die weitgeöffnete Pupille oder die Glanzpunkte des widerspiegelnden Lichtes.
Heimische Falter mit Augenzeichnung sind das Tagpfauenauge (*Inachis* io), das Abendpfauenauge *(Smerinthus ocellata)* aus der Familie der Schwärmer und die Arten der Nachtpfauenaugen aus der Familie der Augenspinner (Saturniidae). In den Tropen gibt es noch eine ganze Reihe großer und mittelgroßer Augenspinner-Arten, die Angreifer mit ihren großen Augen schnell in die Flucht schlagen, zum Beispiel der Riese unter den Schmetterlingen, der Herkulesspinner *(Coscinocera hercules)* aus Neuguinea oder der ebenfalls sehr große Atlasspinner (*Attacus atlas).* Auch der Kometenfalter *(Argema mittrei)* aus Madagaskar zeigt erschreckende Augen auf seinen großen, gelben Flügeln. In der Neuen Welt ist die Familie mit zahlreichen Arten der Gattung *Automeris* vertreten, die allerdings nur auf den Hinterflügeln große Augen tragen.
Bei anderen Faltern wiederum sieht man diese warnenden Augen nicht auf den ersten Blick, sie sitzen nämlich nur auf den Hinterflügeln und sind normalerweise beim ruhenden Falter von den Vorderflügeln verdeckt. Wird der ruhende Falter beunruhigt und aufgeschreckt, so spreizt er die Vorderflügel ab, so daß mit einem mal die großen Augen sichtbar werden und den Angreifer entweder so verblüffen, daß der Falter genügend Zeit hat, davonzufliegen oder aber gar so erschreckend sind, daß der Feind sofort von der Beute abläßt und sich trollt.
Nicht gerade erschreckende Augen, aber dennoch einen Überraschungseffekt auslösende Farben besitzen die Ordensbänder *(Catocala* sp.*).* Ihre Vorderflügel sind rindenfarbig grau oder braun gezeichnet, die Hinterflügel jedoch sind knallig rot, blau oder gelb. Ruht der Falter auf einem Baumstamm, so verdeckt er die bunt gefäbrten Hinterflügel und ist relativ gut getarnt. Wird er jedoch gestört, dann streckt er die Vorderflügel waagerecht ab und zeigt die grellbunten Hinterflügel, die den Angreifer zunächst einmal verwirren, und so dem Falter die Möglichkeit zur Flucht geben.

Ich bin ungenießbar!

Ungenießbare Schmetterlinge oder Raupen tragen oft eine schwarz-gelbe oder schwarz-rote Warntracht und werden aus diesem Grund auch von Freßfeinden, die einmal eine schlechte Erfahrung mit dieser Färbung gemacht haben, gemieden.
Die Widderchen mit ihrer rot-schwarzen oder schwarz-gelben Warnfärbung signalisieren eventuellen Freßfeinden ganz deutlich ihre Ungenießbarkeit – und das sind sie auch wirklich, denn sie speichern

Erschreckende Augen

Aufgeschrecktes Abendpfauenauge *(Smerinthus ocellata)*, das seine warnenden Augen zeigt.

Zu den Bildern: In Ruhestellung (siehe Bild rechts) ist das Abendpfauenauge auf der Baumrinde ausgezeichnet getarnt und kaum vom Untergrund zu unterscheiden. Fühlt es sich dennoch bedroht, läßt es die grelle Zeichnungen mit den großen blauen Augen auf den Hinterflügeln kurz aufblitzen und gewinnt durch die Verwirrung des Angreifers die notwendige Zeit zum Entwischen.

in ihrem Körper die hochgiftige Blausäure. Ein ganz typischer Vertreter dieser Familie ist das Blutströpfchen *(Zygaena filipendulae)*, das ganz beruhigt auch während der sonnigsten und wärmsten Tageszeit von Blüte zu Blüte gaukeln kann und gewöhnlich auch noch gesellig in größerer Anzahl auftritt. Auch seine Raupen signalisieren mit ihrer gelb-schwarzen Färbung ihre Ungenießbarkeit.

Auch Mitglieder der Bärenspinner (Arctiidae) tragen vor allem auf den Hinterflügeln eine grelle Warntracht.
Die Bärenspinner enthalten in ihrer Blutflüssigkeit Stoffe, die unangenehm schmecken. Bei einigen Faltern wird die abschreckende Wirkung der Warntracht noch gesteigert, daß die Falter noch zusätzlich eine gelbe Flüssigkeit hinter dem Kopf austreten lassen, deren Geruch vermutlich ebenso abstoßend auf einen

Raupe des Schwalbenschwanzes *(Papilio machaon)* in Abwehrhaltung.

Angreifer wirkt, wie die grelle Warnfarbe.

Schutzmöglichkeiten bei Raupen

Auch die Schmetterlingsraupen haben viele Möglichkeiten, ihre Freßfreinde zu warnen oder abzuschrecken. Sie tragen entweder eine auffällige und deutlich warnende Färbung, sind mit vielen dichten oder langen Haaren besetzt, die eine an und für sich schmackhafte Beute ungenießbar machen, zeigen oft urplötzlich Augen oder schwellen an, oder sondern eine ekelig riechende Flüssigkeit aus.
Die Raupen des Wolfsmilchschwärmers *(Celerio euphorbiae)* sind auffallend rot, gelb und schwarz gefärbt und zeigen bei Bedrohung zudem ihren roten Schwanzfortsatz, den roten Kopf und die roten Vorderbeine. Die Raupen der Weinschwärmer *(Deilephila* sp.*)* ziehen bei Bedrohung ihren vorderen Körperring ein, so daß dieser verdickt wird und die rechts und links sitzenden Augenflecken deutlich vergrößert werden. Dasselbe macht die Raupe des Großen Gabelschwanzes *(Cerura vinula)*, die dann dem Angreifer ein drohend rot angeschwollenes „Gesicht“ zuwendet. Gleichzeitig streckt sie ihren Hinterkörper nach vorn und läßt aus ihren Gabelschwänzen rote Fäden austreten, die eine übelriechendes Sekret aussondern. Und wer dann noch nicht genug hat, den spuckt sie – als einzige Raupe – auch noch an. Denn die Raupe kann aus einer Drüse, die unter dem Kopf liegt, eine scharfe Flüssigkeit ausspritzen, und das über fast zehn Zentimeter Entfernung.

Zum Bild: Die bunt gefärbte Raupe des Schwalbenschwanzes kann bei Störung eine grell orangeleuchtende und beißend stinkende Nackengabel ausstülpen, vor der der fast jeder Feind Reißaus nimmt.

Verbergen und Verkriechen

Wie viele andere Raupen auch schützt sich die Ahorneule *(Acronicta aceris)* durch eine starke Behaarung vor Freßfeinden. Auf den meisten Vögel wirkt die starke Behaarung der Raupen abschreckend. Nur der Kuckuck läßt sich von Haaren nicht beirren, er frißt sogar noch die haarigsten der Haarigen.

Letzte Rettung – Verbergen

Und wer gar keine Schutzmöglichkeiten hat, dem bleibt nur noch die Möglichkeit, der Gefahr aktiv aus dem Weg zu gehen und sich irgendwo zu verstecken. Viele Raupen graben sich in die Erde ein oder bauen sich ein schützendes Gehäuse, wie zum Beispiel die Raupen der Sackträger oder Sackspinner (Familie Psychidae), über die auf den Seiten 62/63 noch ausführlicher berichtet wird. Die Raupen beginnen sofort nach dem Schlüpfen aus dem Ei mit dem Bau eines schützenden und tarnenden Gehäuses aus Erde- und Pflanzenteilen.

Gabelschwanzraupe beginnt sich zu verbergen

Der ganze Körper wird tarnend bedeckt

Wo ist denn die Raupe hin?

Zu den Bildern: Die Raupe des Großen Gabelschwanz *(Cerura vinula)* kann sich sehr gut selbst tarnen, indem sie sich mit Rinden- und Laubstückchen bedeckt, die sie mit Spinnseide so verwebt, daß sie nicht mehr davonfliegen können.

Bläulinge und Ameisen

Bei den Bläulingen (Lycaenidae) gibt es einige Besonderheiten, die mit ihrer Entwicklung zusammenhängen.
Bläulingsraupen sind von typischer Gestalt und leicht zu erkennen: Sie sind asselförmig und haben einen hochgewölbten Rücken. Am Hinterleib tragen die Raupen der meisten Arten eine Drüse, die einen süßlichen Saft ausscheidet, der von Ameisen sehr geschätzt wird, so daß die Raupen oft von Ameisen aufgesucht werden, die den Saft lecken und die Raupe schützen. Die Raupen des Schwarzgefleckten Bläulings *(Maculinea arion)* zum Beispiel werden sogar in den Ameisenbau eingetragen. Sie leben zunächst vor allem an den Blütenknospen des Feldthymians. Mit zunehmendem Wachstum, etwa nach der dritten Häutung, läßt sich die Raupe von der Futterpflanze fallen und sondert etwas von ihrem süßen Saft aus. Dieser lockt nun Ameisen an, die sich gierig darauf stürzen und die Raupen regelrecht melken, wie sie dies ja auch oft mit Blattläusen tun. Irgendwann im Laufe des Melkens, krümmt sich die Raupe, bläht sich auf und stellt sich auf die hinteren Beinpaare. Sie imitiert mit dieser Stellung eine Ameisenlarve und bewirkt damit, daß sich der Brutpflegetrieb der Ameise zu regen beginnt. Die Ameise packt die Bläulingsraupe und schleppt sie in ihren Bau. Hier wird die Raupe wie eine Ameisenlarve gehegt und gepflegt und sondert dafür immer wieder ihren süßlichen Saft aus. Als „Gegenleistung" aber frißt die Bläulingsraupe die Eier, Larven und Puppen der Ameisen! Das wird von den Ameisen jedoch geduldet, solange der süße Drüsensaft fließt. Die Raupe bleibt bis zum Frühjahr im schützenden und wärmenden Ameisenbau und verpuppt sich im kommenden Frühjahr. Nach etwa drei Wochen Puppenruhe schlüpft der Falter. Er muß nun möglichst schnell aus dem Ameisenbau heraus, da er natürlich keinen Schutz genießt, sondern sofort von den Ameisen attackiert wird und seine zarten Flügelschuppen nicht lange imstande sind, den Falter vor der ätzenden Ameisensäure aber auch den Bissen der Ameisen zu schützen. Während der Flucht aus dem Ameisenbau werden die Flügel des Falters entwickelt und beginnen zu trocknen, so daß er sofort wegfliegen kann, wenn er ins Freie gelangt. Als Pflegeeltern und Nahrungsgeber für Bläulingslarven kommen vor allem Gelbe und Schwarze Rasenameise *(Tetramorium* sp.*)* in Frage.
Viele Bläulingsraupen sind, vor allem als Jungraupen, auf ganz besondere Nahrungspflanzen spezialisiert, zum Beispiel der Große Himmelblaue Bläuling *(Jolana jolas)*, der südlich der Alpen vorkommt und der Geschwänzte Blasenstrauchbläuling *(Lampides boeticus)*, die ihre Eier in die Blüten des Blasenstrauches *(Colutea arborescens)* ablegen. Die schlüpfenden Raupen entwickeln sich dann in den Fruchtschoten.
Die Raupen des Kleinen Moorbläulings *(Maculinea alcon)* leben in ihrer ersten Entwicklungszeit im Innern von Enzianblüten, lassen sich dann aber auch auf den Boden fallen und in Ameisennester verschleppen.

Zu den Bildern: Die Raupen der Bläulinge sind zum Teil sehr große Nahrungsspezialisten und haben sich auf eine oder zwei spezielle Pflanzenarten festgelegt. Viele lassen sich von Ameisen in deren Nester verschleppen, wo sie geschützt sind und gepflegt werden, sich von Ameisenlarven, -eiern und -puppen ernähren und ihrerseits einen süßlichen Saft aussondern, der den Ameisen als Nahrung dient.

Raupenentwicklung bei Bläulingen

Der Große Himmelblaue Bläuling legt seine Eier in die Blüten des Blasenstrauches.

Raupe in der Samenhülse.

Bläulingsraupe mit „melkender" Ameise.

Prozessionsspinner

Zur Familie der Prozessionsspinner (Thaumetopoeidae) gehören etwa 100 Arten mittelgroßer bis kleiner unscheinbar grau gefärbter Nachtfalter.
Ihren Namen bekam diese Familie aufgrund eines eigenartigen Verhaltens der Raupen. Die Raupen der Prozessionsspinner leben gesellig und in großer Zahl in umfangreichen Gespinstnestern. Tagsüber halten sich die Raupen in ihren Gespinsten auf, nachts gehen sie gemeinsam zum Fressen und kehren gegen Morgen wieder heim. Die Raupen verlassen ihr Gespinstnest in geordneten Kolonnen (Prozessionen): Eine Raupe kriecht immer hinter der anderen her, mit der sie durch ihren Tastsinn verbunden ist. Und alle Raupen laufen einer Vorläuferin nach. Lenkt man nun die Vorläuferin so ab, daß sie mit der letzten Raupe der Kolonne Kontakt aufnimmt und einen Ring bildet, dann lau-

Raupen des Pinien-Prozessionsspinners

Zu den Bildern: Der Pinien-Prozessionsspinner *(Thaumetopoea pityocampa)* lebt hauptsächlich südlich der Alpen an verschiedenen Kiefernarten, an denen er gelegentlich schädlich wird. Die Raupen leben gesellig in kopfgroßen Gespinstnestern, die in den Zweigen der Nahrungspflanzen befestigt werden. Von dort wandern sie in langen Reihen, eine auf "Tuchfühlung" hinter der anderen, zur Nahrungssuche auf Äste und Zweige. Wenn die Raupen erwachsen sind, verpuppen sie sich gemeinschaftlich im Boden.

fen die Raupen oft stundenlang im Kreis, bis endlich eine ausbricht und die neue Richtung angibt.
Jean-Henri Fabre, ein französischer Insektenforscher, konnte einmal 355 Runden zählen!
Die stark behaarten Raupen sind aber auch berüchtigt wegen ihrer Raupenhaare. Diese sind sehr fein, mit Widerhaken besetzt und mit Drüsen verbunden, brechen sehr leicht ab und werden mit dem Wind verbreitet. Die feinen Härchen verursachen starke Entzündungen, vor allem im Bereich der Augenschleimhäute.

Pinien-Prozessionsspinner

Gespinstmotten

Gespinstmotten (Yponomeutidae) sind kleine Falter mit einer Flügelspannweite von etwa zwei Zentimetern. Die Falter haben weiße, mit zahlreichen schwarzen Punkten übersäte Vorderflügel und graubraune Hinterflügel. Die Flügelränder sind lang gefranst.

Die Falter fliegen im Juni und Juli. Sie legen ihre Eier häufchenweise in die Rindenritzen der Futterpflanzen ihrer Raupen, zum Beispiel Traubenkirsche, Pfaffenhütchen, Schlehe, Pflaume, Weißdorn oder Birne. Die Eier überwintern. Im April schlüpfen dann die Rauen und beginnen mit ihrer Lebensaufgabe: dem Fressen. Bis zum Frühsommer Ende Mai/Anfang Juni sind die befallenen Bäume kahlgefressen und mit einem dichten weißen Seidengespinst umhüllt, das durch seine Zähigkeit den Raupen einen guten Schutz vor Freßfeinden bietet.

Die Raupen verpuppen sich gemeinsam in oft pfundschweren Gemeinschaftsgepinsten am Stamm, in den Ästen oder am Fuße des Futterbaumes. Nachzüglerraupen, für die das Futter nicht mehr ausreichte, um sich einen genügend großen Fettvorrat anzulegen, spinnen sich keinen Verpuppungskokon mehr. Sie verwenden ihre ganze Energie darauf, ihre bereits verpuppten Gespinstgenossen noch dichter mit Spinnfäden zu umgarnen und zu schützen – dann gehen sie zugrunde. In manchen Jahren findet man unter den kahlgefressenen Bäumen ganze Ansammlungen toter Raupen.

Einige Wochen später schlüpfen dann die Falter aus und beginnen alsbald mit der Eiablage. Die Stämme der Futterbäume sind dann kaum mehr zu erkennen, dicht an dicht sitzen die hellen Falter auf der Rinde und legen ihre Eier in die Ritzen ab. Und der Kreislauf beginnt wieder.

Gespinstmotten sind weltweit verbreitet. In Mitteleuropa leben ungefähr 25 Arten. Am bekanntesten ist wohl die Traubenkirschen-Gespinstmotte *(Yponomeuta evonymella)*, ein weißer Falter, dessen Vorderflügel mit Reihen kleiner, schwarzer Punkte besetzt sind, und der eine Flügelspannweite von 1,5 bis 2,5 cm beseitzt. In den Monaten April bis Mai können die, oft in Massen auftretenden Raupen ganze Bäume und Sträucher kahlfressen und die ganze Futterpflanze seidig einspinnen. Die Raupen leben be-

Zum Bild: Es gibt bei uns mehrere sehr ähnliche Gespinstmottenarten, die sich jeweils auf eine ganz bestimmte Baumart als Raupenfutterpflanze spezialisiert haben. Hier Traubenkirschen-Gespinstmotten *(Yponomeuta evonymella)*, die sich auf einem Weißdorn aufhalten.

Kleiner Falter – große Wirkung: Mit dichtem Seidengespinst überzogener Baum.

vorzugt auf der Traubenkirsche, nehmen aber auch mit Pfaffenhütchen oder Weißdorn vorlieb. Im Juni/Juli verpuppen sich die Raupen dann gemeinschaftlich in einem Gespinst.
Bei den Knospengespinstmotten, die gelegentlich auch Silbermotten genannt werden, fressen die Raupen nicht die Blätter ihrer Futterpflanze, sondern erst einmal bevorzugt die Blütenknospen, dann die jungen Triebspitzen und zuletzt die Blätter. Ein typisches Merkmal dieser kleinen Schmetterlinge ist die Ruhehaltung: Sie sitzen mit dem vorderen und dem mittleren Beinpaar auf ihrer Unterlage und richten den Hinterleib mehr oder weniger steil nach oben – das sieht von der Nähe aus, wie wenn die Falter einen Kopfstand machen würden. In Mitteleuropa gibt es etwa 30 verschiedene Arten von Knospengespinstmotten, die sich meist auf eine ganz bestimmte Futterpflanze spezialisiert haben.

Zum Bild: Die Raupen der nur etwa einen Zentimeter messenden Traubenkirschen-Gespinstmotte *(Yponomeuta evonymella)* schlüpfen im April aus und können in manchen Jahren bis Ende Mai ganze Bäume kahlgefressen und mit einem dichten Seidengespinst umhüllt haben. – Die kahlgefressenen Bäume begrünen sich im gleichen Sommer (Johannistrieb) jedoch wieder.

Bei Massenauftreten kann die Kirschblütenmotte *(Argyresthia pruniella)* ein großer Schädling, vor allem in Obstplantagen mit Süß- oder Sauerkirsche oder Pfirsich. Die Falter legen im September ihre Eier an Kirsch- oder Mandelbäume ab. Die im Frühjahr schlüpfenden Raupen machen sich zunächst über die jungen Blütenknospen her. Bis zur Verpuppung frißt eine dieser kleinen Raupen bis zu sechs Blüten vollständig auf.

Kleinschmetterlinge

Unter dem Begriff Kleinschmetterlinge (Microlepidoptera) wird eine sehr große Zahl kleiner dämmerungs- oder nachtaktiver Falter zusammengefaßt und von den sogenannten Großschmetterlingen (Macrolepidoptera) abgetrennt, obwohl diese Einteilung systematisch nicht gerechtfertigt ist. Zu den sogenannten Kleinschmetterlingen zählt man unter anderem die Langhornmotten, Wickler, Urmotten, Trugmotten, Wurzelbohrer, Miniersackmotten, Yuccamotten, Schopfstirnmotten, Sackträger, Echte Motten, Gespinstmotten, Zünsler und Miniermotten.
Die Raupen der Kleinschmetterlinge besitzen 14 Füße, sind sehr beweglich und können sich sogar sehr schnell und geschickt rückwärts bewegen. Die kleinen Räupchen leben meist geschützt in zusammengesponnenen Pflanzenteilen oder selbstgefertigten, schützenden Gespinsten, entweder einzeln oder gesellig. Die Raupen der kleinsten Schmetterlingsarten leben sogar im Innern von Blättern zwischen Blattoberseite und Blattunterseite und fressen ganz charakteristische Leerräume in das Blatt (→ Bild Seite 60/61). So gibt es Minierraupen, die sogenannte Gangminen anlegen, andere fressen Platzminen, wieder andere Spiralminen. Die meisten dieser minierenden Raupen bleiben ihre ganze Entwicklungszeit durch im Blatt.
Viele Raupen der Kleinschmetterlinge sind gefürchtete Schädlinge in Land- und Forstwirtschaft, im Obst- und Weinbau, wieder andere sind große Vorratsschädlinge.

Wickler (Tortricidae)

Wickler sind kleine dämmerungs- und nachtaktive Falter mit bunt gefärbten, trapezförmigen Vorderflügeln, die am Rande kurz gefranst sind. Man kennt ungefähr 4500 Arten, von denen etwa 500 in Mitteleuropa vorkommen. Die Raupen der Wickler leben zwischen zusammengesponnenen oder zusammengerollten Blättern, in Blüten, Früchten, Stengeln und Wurzeln. Viele von ihnen sind große Schädlinge an Kulturpflanzen, zum Beispiel Apfelwickler *(Cydia pomonella)*, Pflaumenwickler *(Laspeyresia pruni)*, Erbsenwickler *(Cydia nigricana)*, Grüner Eichenwickler *(Tortrix viridana)*, Einbindiger Traubenwickler *(Clysia ambiguella)* und Gekreuzter Traubenwickler *(Polychrosis botrana)*.
Der Apfelwickler legt seine winzigen Eier einzeln in Apfel- oder Birnenblüten. Die schlüpfenden Jungraupen, auch Obstmaden genannt, bohren sich in die junge Frucht und fressen dann das Kerngehäuse auf. Sind die Raupen erwachsen, bohren sie sich ins Freie und „seilen" sich zum Verpuppen auf den Boden ab. Diese Obstmaden werden irrtümlicherweise als „Würmer" bezeichnet. In Weinbergen verursacht der Traubenwickler oft große Schäden. Er tritt dazu noch in zwei Generationen pro Jahr auf. Die Raupen der ersten Generation, die „Heuwürmer" leben in zusammengesponnen Traubenblüten, die sie nach und nach auffressen. Die Raupen der zweiten Generation erscheinen im Sommer in und an den jungen Trauben. Sie werden „Sauerwürmer" genannt und fressen die jungen Trauben. Nach der Reblaus ist der Traubenwickler der größte Schädling im Weinbau.

Zu den Bildern: Kleinschmetterlinge können ebenso farbenprächtig wie Großschmetterlinge sein – man muß nur genau hinsehen. Hier eine kleine Auswahl aus dem großen Artenreichtum dieser Schmetterlingsgruppe.

Verschiedene Kleinschmetterlinge

Langhornmotten

Urmotte

Urmotten

Palpenmotte

Langhornmotte

Langhornmotten (Adelidae)

Langhornmotten sind kleine Schmetterlinge mit außergewöhnlich langen Fühlern und goldglänzenden Vorderflügeln. Sie leben in Laub- und Mischwäldern, bevorzugt in feuchten Gebieten und entlang von Wasserläufen. Die meisten Arten fliegen im Mai und Juni an sonnigen Tagen umher. Die kleinen Raupen minieren entweder in Blättern oder bauen sich einen flachen, ovalen Sack.

Zünsler (Pyralidae)

Zünsler sind kleine, schlanke, meist relativ langbeinige Schmetterlinge mit sehr langen Unterlippentastern. Die Fühler der Männchen sind meist gewimpert und nicht kammförmig.
Alle Zünsler haben ein gemeinsames, recht ungewöhnliches Merkmal: Sie tragen am ersten Hinterleibssegment das sogenannte Trommelfell- oder Tympanalorgan, einen ganz speziellen Gehörsinn, der es dem Falter ermöglicht, Ultraschalltöne zu hören. Damit werden die Falter vor ihren ärgsten Feinden, den Fledermäusen, gewarnt und können meist noch rechtzeitig die Flucht ergreifen. Darüber hinaus gibt es aber auch Zünslerarten, die selbst knatternde oder knackende Geräusche erzeugen und damit ihre Freßfeinde zumindest verwirren können. Die Raupen sind schwach

Fraßgänge von Minierraupen in einem Blatt.

Zum Bild links: Die Raupe des Wasserzünslers *(Nymphula nymphaeata)* (→ Seite 86) lebt an Wasserpflanzen. Sie schneidet sich zu Ende ihrer Raupenzeit aus den Schwimmblättern von Wasserpflanzen zwei elliptische Stücke heraus (siehe Bild), die sie an den Rändern miteinander verspinnt. In dieser Tasche verbringt sie nun das Ende ihrer Raupen- und die Puppenzeit.

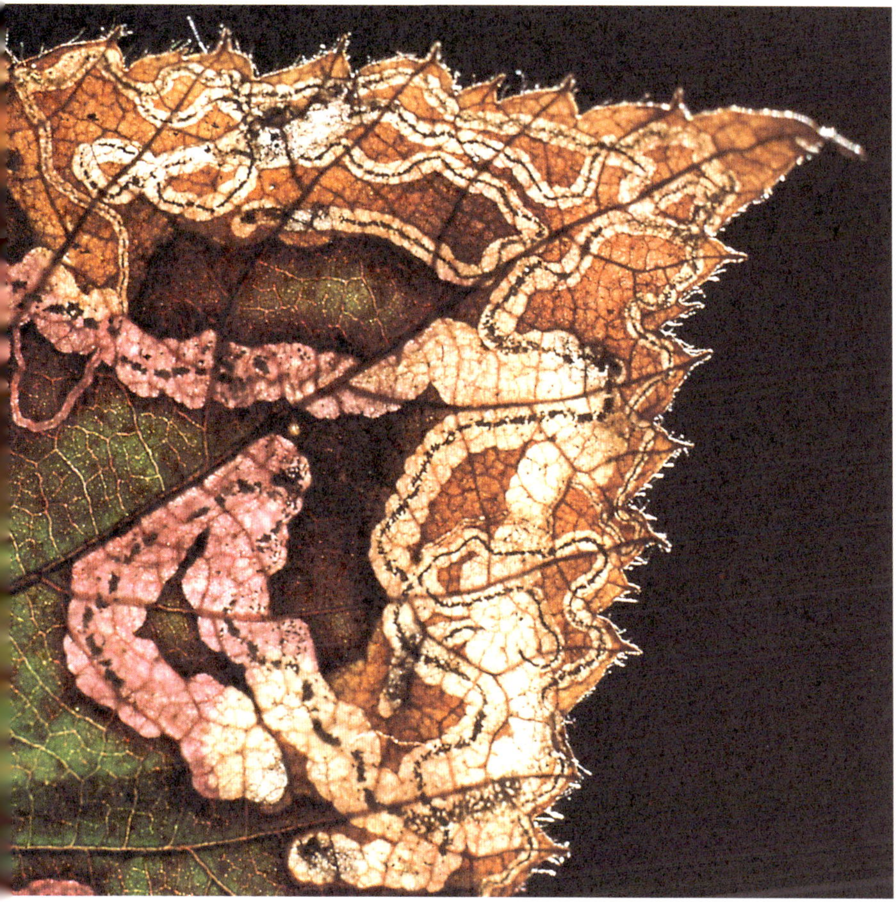

behaart und leben meist in Gespinstgängen an Pflanzen oder anderen organischen Stoffen.
Die meist bunt und glänzend gefärbten Zünsler sind mit ungefähr 15000 Arten in fast allen Lebensräumen über die ganze Erde verbreitet. In Mitteleuropa kommen fast 300 verschiedene Arten vor. Auch unter den Zünslern gibt es einige große Schädlinge, zum Beispiel Mehlmotte *(Ephestia kuehniella)*, Kakaomotte *(Ephestia elutella)*, Maiszünsler *(Pyrausta nubilalis)*, Mehlzünsler *(Pyralis farinalis)* oder der in den Tropen vorkommende Zuckerrohrzünsler *(Diatraea saccharalis)*. Die Wachsmotte *(Galleria mellonella)* frißt mit Vorliebe das Wachs der Bienenwaben und kann dadurch ganze Bienenstöcke vernichten. Dazu kommt, daß sie zur Verpuppung abwandert und gelegentlich im Mörtel von Hausmauern Gruben gräbt, um darin dann ihr Puppengespinst anzulegen. Es ist auch schon vorgekommen, daß Wachsmotten auch in Wohnungen eindringen.

Sackträger

Die Familie der Sackträger oder Sackspinner (Psychidae) umfaßt etwa 900 Arten, die weltweit verbreitet sind. Die Falter sind oft winzigklein und unscheinbar.
Die Männchen sind unauffällig grau, braun oder weißlich gefärbt, tragen stark gefiederte Fühler. Ihre Mundwerkzeuge sind stark zurückgebildet, so daß sie keine Nahrung aufnehmen können. Sie fliegen wenige Stunden am Tag lebhaft auf der Suche nach paarungsbereiten Weibchen umher. Ihre Lebensdauer ist sehr kurz und beträgt maximal zwei Tage, einige Arten leben sogar nur ein paar Stunden.
Die Weibchen können ganz unterschiedlich entwickelt sein: einige Arten besitzen Flügel, andere tragen nur noch Flügelstummel, die meisten sind jedoch madenförmig, ohne Flügel und mit reduzierten Gliedmaßen, Fühlern, Augen und Mundwerkzeugen. Sie sind fast bewegungsunfähig, verlassen ihre aufgebrochene Puppenhülle nicht mehr und sind nur noch zur Fortpflanzung fähig. Mit Hilfe duftender Lockstoffe ziehen sie die Männchen an, lassen sich befruchten, legen die Eier in ihr Gehäuse ab und sterben dann völlig eingeschrumpft ab. Einige Arten vermehren sich sogar durch Jungfernzeugung (Parthenogenese), das heißt, das Weibchen legt unbefruchtete Eier, aus denen sich jedoch lebens- und fortpflanzungsfähige Falter entwickeln. In manchen Verbreitungsgebieten, vor allem im hohen Norden und im Gebirge kommen sogar überhaupt keine Männchen vor!

Kunstvolle Raupengehäuse

Sofort nach dem Schlüpfen aus dem Ei verlassen die Raupen – ohne vorher gefressen zu haben – das Gehäuse ihrer Mutter und beginnen mit dem Bau eigener kunstvoller Gehäuse, die sie aus Steinchen, Erde, Teilen von Muschel- oder Schneckenschalen und allerlei Pflanzenteilen zusammenspinnen. Jede Art hat ihre eigene Bauweise. Die Raupen verlassen dieses Gehäuse ihre ganze Entwicklung lang nicht und verpuppen sich auch darin. Das Gehäuse sieht aus wie eine Röhre und hat eine vordere und hintere Öffnung. Bewegt sich die Raupe vorwärts, so streckt sie aus der vorderen Öffnung Kopf, Brust und Vorderbeine heraus. Die hintere Öffnung dient der Ausscheidung von Kot und abgestreifter Raupenhaut. Die Raupe kann sich allerdings in ihrem Gehäuse auch umdrehen und den Verwendungszweck der beiden Öffnungen tauschen. Wenn die Raupe sich häutet oder verpuppt, bewegt sie sich nicht mehr fort, sondern spinnt das Gehäuse mit seinem vorderen Rand an einer Unterlage, einem Stengel oder Zweig fest.

**Zu den Bildern: Links Sackspinner-Männchen, das gerade sein Raupen- und Puppengehäuse verläßt und sich zum Suchflug nach einem Weibchen aufmacht.
Rechts verschiedene Raupengehäuse.**

Verschiedene Raupengehäuse der Sackträger

Wie Schmetterlinge überwintern

Je nach Art überwintern die Schmetterlinge als Ei, Raupe, Puppe oder Falter. Der Großteil der Schmetterlinge, etwa 66 Prozent unserer einheimischen Falter, übersteht die Wintermonate im Raupenstadium. Die Raupen des Baumweißlings *(Aporia crataegi)* überwintern zu mehreren gesellig in einem dichten Gespinst, das sich die Raupen miteinander angelegt haben. Die Raupen des Schillerfalters *(Apatura sp.)* dagegen lassen sich völlig ungeschützt in einer Astgabel sitzend einschneien. Die Raupen der Eisvögel *(Limenitis)* bauen sich zum Überwintern gleich ein richtiggehendes Haus, das sogenannte Hibernarium (→ Bilder Seite 66).

Mehrere Schmetterlingsarten überwintern auch im Eistadium. Beim Apollofalter *(Parnassius apollo)* liegen in der Eischale sogar schon die voll entwickelten Raupen vor, die nur die wärmende Frühjahrssonne abwarten, um sich aus der schützenden Eischale zu beißen und sich ans Fressen zu machen.

Die zweithäufigste Art der Überwinterung, die etwa 20 Prozent der Schmetterlinge ausüben, ist die Überwinterung im Puppenstadium. Diese Überwinterungsform haben vor allem die Falter, die als erste im Frühjahr, als sogenannte Frühlingsfalter erscheinen, wie Schwalbenschwanz *(Papilio machaon)*, Landkärtchen *(Araschnia levana)* und Aurorafalter *(Anthocharis cardamines)*.

Die allerersten Frühjahrsboten sind jedoch die Schmetterlinge, die als Falter überwintern. Zu ihnen gehören Zitronenfalter *(Gonepteryx rhamni)*, Großer und Kleiner Fuchs *(Nymphalis polychloros* und *Aglais urticae)* und Tagpfauenauge *(Inachis io)*. Der Zitronenfalter zum Beispiel hängt sich im Herbst an die Blätter immergrüner Pflanzen wie Efeu oder Stechpalme, wo er der kalten Witterung fast schutzlos ausgesetzt ist. Großer und Kleiner Fuchs und Tagpfauenauge suchen als Schutz gerne Dachböden, Erdhöhlen, hohle Bäume oder Holzstapel auf. Gegen das Erfrieren schützen sich die Falter dadurch, daß sie einen Teil ihrer Körperflüssigkeit durch eine Art „Frostschutzmittel", einer Mischung aus Alkohol, Eiweiß und Salzen, ersetzen, so daß das Zellgewebe selbst tiefe Temperaturen noch unbeschadet überstehen kann. Auch eine Erhöhung des Blutzuckergehaltes verhindert das Gefrieren des Zellgewebes. Tiefe Temperaturen schienen den Faltern anscheinend weniger zu schaden als ein häufiger Temperaturwechsel oder milde, feuchte Winter, die nicht dazu geeignet sind, eine andauernde Winterruhe zu halten.

Zur Zeit der Winterruhe, auch Dormanz genannt, schränken die Falter oder Raupen ihre Nahrungsaufnahme ein und zehren von den vorher eingelagerten

Zum Bild: Eier vom Silberfleckbläuling *(Lycaena argus)*, die vom Falter in eine Astgabel abgelegt wurden.

In Schnee und Eis am Efeu überwinternder Zitronenfalter ***(Gonepteryx rhamni).***

Zum Bild: Kaum glaublich, aber wahr: Der Zitronenfalter überwintert ungeschützt mitten in Schnee und Eis. Gegen das Erfrieren schützt sich der Falter mit einem Trick: Er ersetzt einen Teil seiner Körperflüssigkeit durch eine Art „Frostschutzmittel", eine Mischung aus Alkohol, Eiweiß und Salzen, mit deren Hilfe sein Zellgewebe selbst tiefe Temperaturen überstehen kann.

Fettreserven. Damit diese auch für ungünstig lange Frostperioden ausreichen und die Vorräte nicht vorzeitig erschöpft sind, wird der Stoffwechsel der Tiere auf ein Minimum herabgesetzt, und sie fallen in eine Art Starrezustand. Dieser Zustand hält so lange an, wie die ungünstigen klimatischen Bedingungen. Am stärksten ist dieser Starrezustand bei den meisten Schmetterlingen in der Zeit von November bis Januar. Jetzt ist es für das überwinternde Tier sogar von Übel, wenn die Temperaturen steigen und das Tier eventuell aus der Starre erwacht. Fallen die Temperaturen dann wieder, so hat das Tier die größten Schwierigkeiten, wieder dem erwünschten Starrezustand zu erreichen. Einige Arten, zum Beispiel die Raupen des Brombeerspinners *(Macrothylacia rubi)*, einer Gluckenart, erwachen erst, wenn zum einen die Temperaturen hoch genug, zum andern aber auch genügend

1: Die Raupe schneidet sich ein Blatt zurecht

2: Der Blattstummel wird zur Tüte geformt

3: Blattstiel und Tüte werden „gesichert"

4: Nahrung – direkt vor der Haustüre

Feuchtigkeit in der Luft ist, die den Raupenkörper ausreichend benetzt. Sie werden im Frühjahr nur geweckt, wenn bei ausreichend hohen Temperaturen der Schnee zu schmelzen beginnt oder Frühjahrsregen einsetzt.

Wanderungen

Eine andere Art, ungünstige Lebensbedingungen zu überstehen, sind Wanderungen in wärmere oder klimatisch günstigere Gebiete. Distelfalter *(Vanessa cardui)* und Admiral *(Vanessa atalanta)* wandern aus ihren zunehmend heißen und trockenen Gebieten in Nordafrika aus, je nach Witterung oft nach Norden über die Alpen. So können sie in Einzelfällen sogar die Eismeerküste erreichen. Das Problem in den Alpen ist der Rückflug, der von der nächstfolgenden Generation versucht wird. Die Alpen erstrecken sich in Ost-West-Richtung und verhindern in der Regel durch das ungünstige Herbstwetter den Rückflug nach Süden. Die meisten Falter überleben diesen Versuch nicht. Im Mittelmeerraum dagegen kann man diese Arten den ganzen Winter über antreffen.
Anders ist es beim Monarchfalter *(Danaus plexippus)* in Nordamerika: Dort verlaufen die Gebirge in Nord-Süd-Richtung und stellen keine Hindernisse dar wie in Europa. Die großen Falter überwintern in Florida, Kalifornien und Mexiko, fliegen im Frühjahr nach Norden bis Kanada, pflanzen sich dort fort, und die Nachkommen fliegen im Herbst wieder nach Süden zurück. Hier handelt

Zu den Bildern: Die Raupe des Kleinen Eisvogels *(Limenitis camilla)* baut sich zum Überwintern ein richtiggehendes Haus. Dazu schneidet sie sich am Blattstiel, genau dort, wo im Frühjahr eine neue Blattknospe erscheinen wird, ein Blattstück zurecht, das sie dann zu einem tütenförmigen Gebilde zusammenspinnt.

Wanderungen

Markierter Distelfalter ***(Vanessa cardui).***

Zum Bild: Der Distelfalter gehört zu den flugtüchtigsten Schmetterlingen. Er wandert bei uns alljährlich aus Nordafrika und Südosteuropa ein. Der Distelfalter fliegt auf allen Kontinenten – außer Südamerika – und besitzt damit das größte Verbreitungsgebiet aller Tagfalter.

es sich um echte Wanderungen. Die Falter fliegen in riesigen Schwärmen und folgen dabei ganz bestimmten Routen, wobei die Tiere in großer Zahl immer auf denselben Bäumen übernachten und alljährlich schon erwartet werden.

Zu den Wanderfaltern in Europa gehören unter anderem der Windenschwärmer *(Herse convolvuli)* und der Totenkopfschwärmer *(Acherontia atropos)*. Sie sind eigentlich Auswanderer aus ungünstigen Lebensräumen, im Unterschied zum Monarchfalter. Das ist auch der Grund, weshalb unsere Wanderfalter jahrweise in so abwechselnd großer Zahl zu finden sind.

Einige Falterarten sind Einzelzieher, andere wieder ziehen in mehr oder weniger großen Schwärmen, zum Beispiel Weißlinge, Distelfalter oder Gamma-Eulen.

Um alle noch offenen Fragen, die in Zusammenhang mit den Wanderungen von Schmetterlingen, zu lösen, arbeitet man seit Jahren auf internationaler Ebene zusammen, kennzeichnet die Wanderfalter mit Farbflecken oder anderen Markierungshilfen (→ Bild oben) und verständigt sich untereinander über Flugrichtungen, Flugzeiten, abfliegenden oder ankommende Falter.

Grünblauer Bläuling *(Agrodiaetus damon)* bei der Paarung.

Schmetterlinge bestimmen

Weltweit sind über 140 000 Schmetterlingsarten bekannt. In Mitteleuropa kommen davon etwa 3000 verschiedene Arten vor – eine großartige Vielfalt, die mancherlei Formen und Farben erwarten läßt. Selbst wenn man nur einen Teil davon kennt und zu unterscheiden lernt, offenbaren sie in jedem einzelnen Fall etwas vom wunderbaren schöpferischen Reichtum der Natur. Leicht beschwingt und duftig beschuppt, mal gemächlich umhergaukelnd oder auch pfeilschnell dahinschießend, erfüllen die Falter ihren Lebensraum. Sie sind Kinder der Sonne und des Sommers. Bei trübem Wetter halten sie sich verborgen, und während der kalten Monate des Jahres sieht man sie nur ganz ausnahmsweise. Geduldige Beobachtung bringt uns ihre Formenvielfalt näher, wenn sie zum Beispiel auf Blüten ausruhen und Nektar naschen.

Ratschläge und Tips fürs Bestimmen

Kennfarben-Code als Bestimmungshilfe
Der folgende Bestimmungsteil ist in zwei Teile gegliedert, und zwar in „Schmetterlinge bestimmen" Seite 72 bis 195 und „Raupen bestimmen" Seite 196 bis 221.
Die Schmetterlinge sind in sechs Farbgruppen aufgeteilt

Weißer Kennstreifen:
Auf den Seiten 72 bis 93 finden Sie Schmetterlinge mit überwiegend weißen Flügeln

Gelber Kennstreifen:
Auf den Seiten 94 bis 107 finden Sie Schmetterlinge mit überwiegend gelben Flügeln

Orangefarbener Kennstreifen:
Auf den Seiten 108 bis 131 finden Sie Schmetterlinge mit überwiegend orangefarbenen Flügeln

Brauner Kennstreifen:
Auf den Seiten 132 bis 163 finden Sie Schmetterlinge mit überwiegend braunen Flügeln

Blauer Kennstreifen:
Auf den Seiten 164 bis 175 finden Sie Schmetterlinge mit überwiegend blauer Flügelfarbe

Lila Kennstreifen:
Auf den Seiten 176 bis 195 finden Sie Schmetterlinge, deren Flügelfarbe sich keiner der vorhergehenden Farben zuordnen läßt.

Grüner Kennstreifen:
Auf den Seiten 198 bis 221 finden Sie Schmetterlingsraupen

Innerhalb der Farbgruppen sind die Schmetterlinge nach ihrer Größe (abnehmend von groß nach klein) in folgende Gruppen unterteilt:

Tagfalter

tagaktive Nachtfalter

Nachtfalter

Diese Gruppierung ist an den in den Farbbalken stehenden Silhouetten zu erkennen.
Bei einigen Arten sind Männchen und Weibchen in der Färbung unterschieden, so daß der männliche Falter oftmals unter einer anderen Kennfarbe steht als der weibliche.
Bestimmte Schmetterlinge sieht man in der Regel mit geöffneten Flügeln, sehr viele jedoch fast nur mit geschlossenen Flügeln. Je nach Verhaltensweise, in der man die Falter beobachten kann, sind sie den verschiedenen Farbgruppen zugeordnet.

Erläuterungen zum Bestimmungsteil

Die Raupen sind in vier leicht kenntliche Gruppen unterteilt, und zwar in

 nackte Raupen

 kurz behaarte Raupen

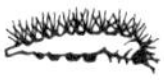 stark behaarte Raupen

 dornige und warzige Raupen

Auch diese Einteilung ist anhand der in den Farbbalken stehenden Silhouetten leicht zu erkennen.

Größe der Abbildungen

Sowohl Falter als auch Raupen sind in natürlicher Lebensgröße abgebildet. Ausnahmen sind Abbildungen, bei denen aus technischen Gründen das Foto vergrößert oder verkleinert abgebildet wurde.
Die Maßstäbe sind bei den Bildern angegeben:

M 1:1 natürliche Größe

M 2:1 doppelt so groß, wie natürliche Größe

M 1:2 halb so groß, wie natürliche Größe

Die Auswahl der Arten

In diesem Naturführer finden Sie über 300 Schmetterlingsarten, und zwar die schönsten tag- und nachtaktiven Falter Europas. Der Schwerpunkt liegt dabei auf den Schmetterlingen Mitteleuropas und der angrenzenden Gebiete.

Die Abbildungen

Alle Farbfotos sind vom Autor in freier Natur aufgenommen. Sie zeigen gut erkennbar die typischen Merkmale der einzelnen Arten. Bei vielen Arten werden die Falter sowohl mit ausgebreiteten als auch mit geschlossenen Flügeln gezeigt. Bei Arten, bei denen sich Männchen und Weibchen deutlich voneinander unterscheiden, sind beide Geschlechter abgebildet - oftmals in verschiedenen Farbgruppen.

Die Steckbriefe

Innerhalb der Farbgruppen sind die Falter nach ihrer Flügelspannweite und nach ihren Aktivitätszeiten eingeteilt (→ Seite 70).
Die Beschreibungstexte der einzelnen Arten enthalten alle wichtigen Angaben, die ein rasches Erkennen und Bestimmen ermöglichen.
Artenname: Angegeben ist der gebräuchliche deutsche sowie der wissenschaftliche Name.
Jeder Steckbrief enthält außerdem Angaben zu:
Aussehen: Unter diesem Stichwort sind alle typischen Merkmale des Falters, sofern sie nicht eindeutig auf der Abbildung erkennbar sind, aufgeführt, sowie eventuelle Geschlechtsunterschiede.
Vorkommen: Unter diesem Stichwort finden Sie Angaben zu Lebensraum und Verbreitungsgebiet der beschriebenen Art.
Flugzeit: Hier stehen die Daten zu den Flugzeiten der Falter, sowie Angaben, ob die Art in einer oder mehreren Generationen pro Jahr fliegt.
Raupe: Unter diesem Stichwort wird auf die Abbildung im Teil „Raupen bestimmen" verwiesen oder aber die Raupe beschrieben, wenn sie nicht abgebildet ist. Ferner erfahren Sie, welche Futterpflanzen die Raupe bevorzugt und wie und wo sie sich verpuppt.
Überwinterung: Unter diesem Stichwort steht, in welchem Stadium und wo die Art in der Regel überwintert.
Beobachtungstip: Unter diesem Stichwort erfahren Sie etwas über besondere Verhaltensweisen der beschriebenen Art, oder es ist angegeben wie sie von ähnlichen Arten klar unterschieden werden kann.

Kennfarbe Weiß

Weiße Falter

Die weiße Farbgruppe umfaßt verhältnismäßig wenige Arten. Zu ihr gehören jedoch unsere häufigsten und verbreitetsten Falter, wie Kohl- und Rapsweißling.
Nicht alle Weißlingsarten sind weiß, viele werden in der Farbgruppe Gelb behandelt, weil sie nur oberseits weißlich sind und in Ruhestellung nur ihre gelbe Unterseite zeigen. Überproportional groß ist der Anteil der weißen Nachtfalter, von denen allerdings viele tagaktiv sind.
In der Farbgruppe Weiß werden nicht nur die reinweißen, sondern auch hellgraue und weißgelbliche Falter behandelt.

Der Apollofalter (*Parnassius apollo*) gehört zur Familie der Ritterfalter, großen, oft sehr farbenprächtigen Schmetterlingen, die sehr ausdauernde Flieger sind.

Segelfalter

Segelfalter

Iphiclides podalirius

Aussehen: Im Süden ist die erste Generation des Segelfalters nicht weiß, sondern leicht gelblich gefärbt.
Vorkommen: Südlich der Alpen verbreitet, insbesondere an felsigen, aber blumenreichen Stellen. Nördlich der Alpen lokal und selten nur an besonders milden Stellen, bis Norddeutschland.
Flugzeit: Im Norden eine Generation V–VI, im Süden bis drei Generationen von II–IX.
Raupe: (→ Seite 203), lebt vor allem auf Weichselkirsche, Felsenbirne und Schwarzdorn.
Die Eier werden einzeln an die Blätter geklebt.
Die Raupe verpuppt sich in einem Seidengürtel zu einer Gürtelpuppe an einem Zweig, Sommerpuppen sind grün, überwinternde Puppen braun.
Überwinterung: Als Puppe.
Beobachtungstip: Der Segelfalter, der wie der ähnliche Schwalbenschwanz zu den Ritter- oder Edelfaltern gehört, unterscheidet sich vom Schwalbenschwanz (→ Seite 96) durch die fast weiße Grundfarbe und die längeren Flügelschwänze. Er besitzt nur schwarze Längs- und keine Querstreifen.
Der Segelfalter bildet im Süden drei Generationen, in Mitteleuropa zwei.

Apollofalter, Weibchen (M 1,5 : 1)

Apollofalter

Parnassius apollo

Aussehen: Das Weibchen hat meistens etwas transparentere Flügel als das Männchen und mehr und größere rote, orangefarbene oder gelbe Augenflecken.

Vorkommen: In den Alpen von der Talsohle bis 2200 m verbreitet. Sonst nur lokal von Südeuropa bis Mittel- bis Skandinavien in felsigen Gebirgen, vorwiegend in Kalkgebieten.

Flugzeit: Je nach Höhenlage V–IX in einer Generation.

Raupe: (→ Seite 208), lebt ausschließlich auf Weißer Fetthenne und frißt nur im Sonnenschein.

Die Eier werden einzeln an die Futterpflanze oder an Steine oder dürre Äste in deren Nähe geklebt.

Die Raupe verpuppt sich in einem losen Gespinst, keinem eigentlichen Kokon wie beim Hochalpen-Apollo, am Boden.

Überwinterung: Als Ei, wobei die Jungraupe darin bereits entwickelt ist.

Beobachtungstip: Der Apollofalter hat im Gegensatz zum Hochalpen-Apollo fast einfarbig weiße Fühler und nur in seltenen Fällen rote Augenflecke auch auf den Vorderflügeln. Farbe und Größe der Augenflecke sind sehr variabel.

Begattete Weibchen tragen am Hinterleib ein hornartiges Gebilde, die Begattungstasche (Sphragis), die eine weitere Paarung verhindert.

Der Falter fliegt im Sonnenschein relativ langsam umher und sitzt ruhig auf Disteln und anderen Pflanzen, so daß er leicht beobachtet werden kann.

Hochalpen-Apollo, Männchen (M 2 :1)

Hochalpen-Apollo

Parnassius phoebus

Aussehen: Das Weibchen hat meist mehr und grössere rote Augenflecke.
Vorkommen: Ab 1500 m in den Alpen an Gebirgsbächen und auf Sümpfen.
Flugzeit: VII–IX in einer Generation.
Raupe: (→ Seite 208), lebt ausschließlich auf dem Bewimperten Steinbrech.
Die Eier werden meist einzeln an Steine oder dürre Ästchen in der Nähe der Futterpflanze abgelegt.
Die Raupe verpuppt sich am Boden in einem sehr dichten Seidenkokon.
Überwinterung: Als Ei, wobei das Räupchen darin schon entwickelt ist.
Beobachtungstip: Unterscheidet sich vom sehr ähnlichen, aber meist größeren Apollofalter durch die deutlich schwarzweiß geringelten Fühler, die beim Apollofalter fast einfarbig weiß sind. Er trägt immer auch auf den Vorderflügeln am Vorderrand rote Augenflecke, was beim größeren Verwandten nur sehr selten vorkommt.

Schwarzer Apollo

Parnassius mnemosyne

Aussehen: Hat im Gegensatz zu anderen Apollo-Arten nur schwarze Flecken.
Vorkommen: Lokal an blumenreichen, meist feuchten Stellen in offenem Gelände oder auf Waldwiesen mit Lerchensporn, bis 1500 m.
Flugzeit: V–VII in einer Generation.
Raupe: (→ Seite 208), lebt auf Lerchensporn.
Die Eier werden einzeln in Bodennähe an dürre Halme geklebt. Die Raupe verpuppt sich am Boden in ei-

Schwarzer Apollo

Baumweißling

Östlicher Osterluzeifalter, Männchen

Die Apollo-Falter gehören zu den Edel- oder Ritterfaltern. Sie sind groß und besitzen dünn beschuppte, glasig wirkende Flügel von weißlicher Grundfarbe. Ihr Körper ist stark behaart. Ihre Raupen sind dick, walzenförmig und kurz behaart.

nem dichten Seidenkokon.
Überwinterung: Als Ei.
Beobachtungstip: Unterscheidet sich vom Baumweißling durch die schwarzen Flecken.

Baumweißling

Aporia crataegi
Aussehen: Flügel größtenteils transparent, auffallende schwarze Adern.
Vorkommen: Nördlich bis Mittelskandinavien in nicht intensiv kultivierten Gegenden verbreitet, sonst selten. Buschiges Gelände, Trockenrasen und Feuchtwiesen bis 1300 m.
Flugzeit: V–VII in einer Generation.
Raupe: (→ Seite 213), lebt gesellig auf Schwarz- und Weißdorn und ungespritzten Obstbäumen.
Die Eier werden häufchenweise ans Blatt geklebt. Verpuppung an einem Ast zu einer Gürtelpuppe.
Überwinterung: Als Jungraupen in einem Gespinst.
Beobachtungstip: Hat im Gegensatz zum Schwarzen Apollo keine schwarzen Flecken.

Östlicher Osterluzeifalter

Allancastria cerisyi
Aussehen: Weibchen mit mehr Schwarz.
Vorkommen: Südosteuropa, an blumenreichen, sonnigen Stellen bis 1200 m.
Flugzeit: IV–VI in einer Generation.
Raupe: Ähnlich der des Osterluzeifalters (→ Seite 220), lebt auf Osterluzeiarten. Die Eier werden einzeln an die Blätter geklebt. Braune Gürtelpuppe.
Überwinterung: Als Puppe.
Beobachtungstip: Flügelschwänze und fast weiße Grundfärbung.

Aurorafalter (oben Männchen, unten Weibchen)

Resedafalter, Pärchen

Aurorafalter, Unterseite

Aurorafalter

Anthocharis cardamines
Aussehen: Männchen mit oranger, Weibchen mit schwarzer Flügelspitze.
Vorkommen: In ganz Europa überall häufig, vor allem entlang von Waldrändern und auf Waldwiesen bis 2000 m.
Flugzeit: IV–VI in einer Generation.
Raupe: (→ Seite 207), lebt auf verschiedenen Kreuzblütlern, vor allem Wiesenschaumkraut und Knoblauchsrauke.
Die Eier werden einzeln an ein Kelchblatt der Futterpflanze geklebt. Gürtelpuppe.
Überwinterung: Als Puppe.
Beobachtungstip: Das Weibchen hat im Gegensatz zum Mattscheckweißling in der Mittelzelle der Vorderflügel einen sichelförmigen schwarzen Fleck und keinen hellen Fleck im dunklen Feld der Flügelspitze.

Resedafalter

Pontia daplidice
Aussehen: Männchen ohne isolierten schwarzen Fleck im Hinterteil des Vorderflügels
Vorkommen: Warmtrockene, meist steinige, öde Stellen, nördlich der Alpen nur lokal, in Nordeuropa ganz selten.
Flugzeit: Im Süden II–X in mehreren Generationen, im Norden I–VI in einer Generation.
Raupe: (→ Seite 207), lebt auf verschiedenen Kreuzblütlern.
Eiablage einzeln an Kelchblätter. Gürtelpuppe.
Überwinterung: Als Puppe.
Beobachtungstip: Hat im Gegensatz zum Mattscheckweißling im Dunkelfeld der Flügelspitze mehrere helle Punkte.

Alpenweißling, Weibchen

Alpenweißling, Unterseite

Mattscheckweißling

Weißlinge sind mittelgroße Falter, die jedoch nicht alle weiß, sondern auch gelb bis orangerot gefärbt sind. Ihr Hinterleib ist schlank und seitlich zusammengedrückt. Männchen und Weibchen unterscheiden sich oft deutlich. Die Weißlinge der Gattung *Pieris* legen ihre Eier auf verschiedene Kreuzblütler und sind zum Teil große Schädlinge an Kohlpflanzen.

Alpenweißling
Pontia callidice
Aussehen: Männchen mit stark reduzierter Schwarzzeichnung, Unterseite der Hinterflügel mit stark gezackten schwarzen Binden bei beiden Geschlechtern.
Vorkommen: Alpen und Pyrenäen von 2000 m aufwärts auf kurzrasigen Wiesen und Felsschutt.
Raupe: (→ Klappe hinten), ähnelt den Raupen des Resedafalters (→ Seite207), die allerdings heller sind. Lebt auf verschiedenen Kreuzblütlern.
Eiablage einzeln an isolierte Pflanzen im Felsschutt. Gürtelpuppe.
Überwinterung: Als Puppe an oder unter Steinen.
Beobachtungstip: Auf der Unterseite der Flügel sind die Adern beim Alpenweißling durchgehend grün eingefaßt, im Gegensatz zu den ähnlichen Weißlingsarten.

Mattscheckweißling
Euchloe simplonia
Aussehen: Mit weißem Fleck in der dunklen Flügelspitze.
Vorkommen: Alpine und subalpine Wiesen und Felsschutt von 1000 m aufwärts.
Flugzeit: V–VIII in einer Generation.
Raupe: Ähnlich der des Resedafalters (→ Seite 207), lebt auf verschiedenen Kreuzblütlern.
Eiablage einzeln an die Blüten der Futterpflanze. Gürtelpuppe.
Überwinterung: Als Puppe.
Beobachtungstip: Bei beiden Geschlechtern nur ein isolierter schwarzer Fleck auf den Vorderflügeln und ein heller Fleck in der dunklen Flügelspitze.

Balzflug des Kleinen Kohlweißlings

Kleiner Kohlweißling, Rübenweißling

Pieris rapae

Aussehen: Das Männchen mit einem, das Weibchen mit zwei isolierten Flecken auf den Vorderflügeln.
Vorkommen: In ganz Europa überall häufig, bis 2000 m. Kulturfolger.
Flugzeit: III–X in mehreren Generationen, die sich in Größe und Zeichnung stark unterscheiden (saisonbedingter Polymorphismus).
Raupe: (→ Seite 207), mit deutlicher, gelber Linie auf dem Rücken, im Gegensatz zu der Raupe des Rapsweißlings. Lebt auf verschiedenen Kreuzblütlern. Eiablage einzeln oder in kleinen Gruppen an die Blätter. Gürtelgruppe.
Überwinterung: Die Herbstgeneration überwintert als Puppe.
Beobachtungstip: Der Fleck an der Flügelspitze ist heller (grau, nicht schwarz) und schmaler als beim Großen Kohlweißling und beim Blasenschötchenweißling. Die Unterseite der Hinterflügel ist gelblicher als beim großen Verwandten. Häufigster Tagfalter.

Großer Kohlweißling

Pieris brassicae

Aussehen: Weibchen auf den Vorderflügeln mit zwei isolierten schwarzen Flecken, Männchen ohne Flecken.
Vorkommen: In ganz Europa überall sehr häufig, bis 2000 m
Flugzeit: IV–X in mehreren Generationen.
Raupe: (→ Seite 207), lebt auf verschiedenen Kreuzblütlern.
Eiablage meist häufchenweise an die Blattunterseite. Gürtelpuppe.
Überwinterung: Als Puppe

Großer Kohlweißling, Weibchen

Großer Kohlweißling, Männchen

Kleiner Kohlweißling, Unterseite Männchen

Blasenschötchenweißling

in der zweiten Generation.
Beobachtungstip: Das Männchen im Gegensatz zu dem des Kleinen Kohlweißlings ohne schwarzen Fleck auf den Vorderflügeln. Die Schwarzzeichnung der Flügelspitze zieht sich viel weiter nach hinten als die Grauzeichnung beim Kleinen Kohlweißling.

Blasenschötchenweißling

Pieris mannii

Aussehen: Weibchen mit zwei, Männchen mit einem isolierten schwarzen Flekken auf den Vorderflügeln.
Vorkommen: Trockene, heiße und steinige Stellen vom Tiefland bis 2000 m im Süden. In Mitteleuropa nur lokal, im Westen nördlich bis zur Loire, in Osteuropa etwas weiter nördlich.
Flugzeit: III–X in mehreren Generationen.
Raupe: Sehr ähnlich der des Kleinen Kohlweißlings (→ Seite 207), lebt auf Blasenschötchen. Eiablage einzeln an die Blätter der Futterpflanze, meist auf die Oberseite. Gürtelpuppe.
Überwinterung: Als Puppe.
Beobachtungstip: Die Flügelspitze ist schwarz, nicht grau wie beim Kleinen Kohlweißling, die Färbung zieht sich bis auf die Höhe des isolierten schwarzen Flecks auf den Vorderflügeln.

Rapsweißlinge

Rapsweißling

Pieris napi

Aussehen: Männchen mit einem, Weibchen mit zwei isolierten Flecken auf den Vorderflügeln. Bei der ersten Generation sind oft auch die Adern auf der Oberseite leicht grau. Unterseite der Hinterflügel bei der 1. Generation stärker graugrün beiderseits der hellen Adern bestäubt, als bei der 2. Generation.
Vorkommen: In ganz Europa überall sehr häufig, bis 2000 m.
Flugzeit: III–X in mehreren Generationen.
Raupe: (→ Seite 207), ohne gelbe Rückenlinie, im Gegensatz zur Raupe des Kleinen Kohlweißlings. Eiablage einzeln auf verschiedene Kreuzblütler. Gürtelpuppe.
Überwinterung: Als Puppe.
Beobachtungstip: Die Adern sind auf der Unterseite immer breit grüngrau eingefaßt, dadurch ist der Rapsweißling leicht vom Kleinen Kohlweißlings zu unterscheiden.
Einer der ersten Frühlingsfalter.

Bergweißling

Pieris bryoniae

Aussehen: Männchen sehr ähnlich dem des Rapsweißlings, die dunkle Zeichnung der Flügelspitze zieht sich aber entlang der Adern etwas nach innen. Das Weibchen ist auf Flügelober- und unterseite meist stark gelbgrau übergossen und trägt sehr breite, dunkelgraue Adern.
Vorkommen: In den Alpen und Karpaten ab 1000 m auf blumenreichen Wiesen sowie in Nordskandinavien.
Flugzeit: V–VIII in einer Generation.

Rapsweißling, Weibchen

Senfweißlinge

Weißlinge sind in Mitteleuropa in 8 Gattungen mit 14 Arten vertreten. Auch bei den Weißlingen kann man gelegentlich ganze Ansammlungen beobachten, die an gewissen feuchten Stellen Salze aufnehmen. Die Rapsweißlinge auf Seite 82 saugen an feuchter Holzkohle.

Bergweißling, Weibchen

Raupe: Sehr ähnlich der des Rapsweißlings (→ Seite 207), lebt auf verschiedenen Kreuzblütlern.
Die Eier werden einzeln auf die Futterpflanze gelegt.
Gürtelpuppe.
Überwinterung: Als Puppe.
Beobachtungstip: Im Freiland sind praktisch nur die gelben Weibchen vom weißen Rapsweißling zu unterscheiden.

Senfweißling, Tintenfleck

Leptidea sinapis
Aussehen: Kleinster Weißling mit auffallend runden Flügelenden. Weibchen fast reinweiß, Männchen mit grauen bis schwarzen Fleck in den Ecken der Vorderflügel.
Vorkommen: Vorwiegend auf Waldwiesen, entlang von Waldrändern, aber auch auf Trockenrasen, in fast ganz Europa, bis 2000 m. Fehlt im Norden Großbritanniens und in Dänemark.
Flugzeit: IV–X in mehreren Generationen.
Raupe: Ähnlich der des Rapsweißlings (→ Seite 207), lebt auf verschiedenen Schmetterlingsblütlern.
Eiablage einzeln an die Blätter der Futterpflanze.
Gürtelpuppe.
Überwinterung: Als Puppe.
Beobachtungstip: Setzt sich immer mit geschlossenen Flügeln. Oberseits besitzt das Männchen in der ersten Generation eine graue, in der zweiten Generation eine schwarze Flügelspitze; beim Weibchen ist die Flügelspitze oberseits nur leicht verdunkelt.

Westliches Schachbrett

Östliches Schachbrett

Südliches Schachbrett

Schachbrett

Westliches Schachbrett

Melanargia occitanica
Aussehen: Unverwechselbar aufgrund des gelben Flügelgeäders und der blauen Punkte auf der Flügelunterseite.
Vorkommen: Südwestlicher Mittelmeerraum von der Riviera an westwärts, Sizilien, Korsika, fast ganz Spanien. An felsigen, warmen Stellen bis 2000 m.
Flugzeit: V–VI in einer Generation.
Raupe: Ähnlich der des Schachbretts(→ Seite 207), lebt auf verschiedenen Gräsern. Die Eier werden einzeln ins Gras fallengelassen. Bodenpuppe.
Überwinterung: Als Raupe im Boden.
Beobachtungstip: Die sehr scheuen Falter fliegen nie weit, sondern lassen sich bei Bedrohung gerne in die Vegetation fallen.

Östliches Schachbrett

Melanagia larissa
Aussehen: Schwarzzeichnung fein, etwas weniger fleckig als beim Schachbrett.
Vorkommen: Karstgebiete der Balkanhalbinsel, von Dalmatien südwärts.
Flugzeit: VI–VII in einer Generation.
Raupe: Ähnlich der des Schachbretts (→ Seite 207), lebt auf Gräsern. Eiablage einzeln ins Gras. Bodenpuppe.
Überwinterung: Als Raupe im Boden.
Beobachtungstip: Die Flügelbasis ist im Gegensatz zum ähnlichen Südlichen Schachbrett stark verdunkelt.

Schachbrett, Unterseite (M 2 : 1)

Südliches Schachbrett

Melanargia russiae

Aussehen: Sehr ähnlich dem Östlichen Schachbrett, aber ohne Verdunkelung der Flügelbasis.
Vorkommen: Lokal in Südeuropa in bergigen Gegenden bis 2000 m.
Flugzeit: VII in einer Generation.
Raupe: Ähnlich der des Schachbretts (→ Seite 207), lebt auf Gräsern.
Eiablage einzeln ins Gras.
Bodenpuppe.
Überwinterung: Als Raupe im Boden.
Beobachtungstip: Unterscheidet sich von allen andern Schachbrett-Arten durch einen schwarzen Querstrich in der Mittelzelle der Vorderflügel.

Schachbrett, Damenbrett

Melanargia galathea

Aussehen: Aufteilung der schwarzen und weißen Felder ziemlich gleichmäßig, schachbrettartig (Name!). Das Weibchen in der Grundfärbung, vor allem auf der Unterseite, leicht gelblich.
Vorkommen: Auf blumenreichen Magerwiesen in fast ganz Europa außer Skandinavien und Schottland.
Flugzeit: VII–VIII in einer Generation.
Raupe: (→ Seite 207), tritt auch in einer hellbeigen Farbvariante auf. Lebt auf verschiedenen Gräsern, frißt meist nachts und ist tagsüber im Boden versteckt.
Eiablage einzeln ins Gras.
Bodenpuppe.
Überwinterung: Als Raupe im Boden.
Beobachtungstip: Nördlich der Alpen die einzige Schachbrettart. Die Männchen fliegen langsam.

Flügelfarbe Weiß

Tagaktive Nachtfalter

Kleespanner

Brennesselzünsler

Federgeistchen

Wasserzünsler (M 2 : 1)

Der Wasserzünsler *(Nymphula nymphaeata)* zählt zu den wenigen wasserbewohnenden Schmetterlingen. Die Raupe lebt in einem Köcher, den sie sich aus zwei elliptischen Blattstücken zusammengewoben hat, in stehenden Gewässern. Ovale Ausschnitte in Blättern von Seerosen und Laichkraut verraten das Vorkommen dieser Falterart.

Kleespanner

Semiothisa clathrata

Aussehen: Unverwechselbar.
Vorkommen: An blumenreichen Stellen, aber auch auf Ödland in ganz Europa.
Flugzeit: IV–VIII in zwei Generationen.
Raupe: Blaugrün mit dunkler Rückenlinie und weißen Seitenstreifen, lebt auf verschiedenen Kleearten. Bodenpuppe.
Überwinterung: Als Puppe.
Beobachtungstip: Der Falter tritt nicht selten mit gelber Grundfärbung auf.

Brennesselzünsler

Eyrrhypara hortulata

Aussehen: Unverwechselbar.
Vorkommen: In ganz Europa überall häufig, meist in feuchten Wäldern und auf Buschland.
Flugzeit: VI–VIII.
Raupe: Grün, lebt in einem zusammengesponnenen Brennesselblatt. Bodenpuppe.
Überwinterung: Als Raupe.
Beobachtungstip: Der Falter fliegt nie weit und setzt sich meist an die Blattunterseite von Brennesseln.

Federgeistchen

Pterophorus pentadactylus

Aussehen: Unverwechselbar.
Vorkommen: An grasreichen und buschigen oder an feuchten Stellen und auf Ödland, ganz Europa.
Flugzeit: V–IX in zwei Generationen.
Raupe: Blaßgrün mit weißen Haaren, lebt auf verschiedenen Winden-Arten. Verpuppung unter einem Blatt.
Überwinterung: Als Raupe.
Beobachtungstip: Die Falter fliegen tagsüber nur selten.

Tagaktive Nachtfalter

Blattspanner

Harlekinspanner

Stachelbeerspanner

Flechtenspinner

Der Flechtenspinner *(Lithosia lurideola)* lebt in bergigen Gegenden mit Gebüsch, Laubbäumen und blumenreichen Wiesen in ganz Europa. Er fliegt von Juni bis August. Die Raupe lebt auf Flechten und verpuppt sich in einem Gespinst in Baumritzen.

Blattspanner

Cidaria ocellata

Aussehen: Unverwechselbar.
Vorkommen: In ganz Europa überall häufig, in Wäldern und Buschland.
Flugzeit: V–VIII.
Raupe: Lang, schlank, braun mit schwarzen Seitenstreifen, lebt auf Labkraut. Verpuppung in einem Gespinst.
Überwinterung: Als Raupe.
Beobachtungstip: Die Falter sind eher nachtaktiv und kommen nachts gerne ans Licht.

Harlekinspanner

Abraxas sylvata

Aussehen: Unverwechselbar.
Vorkommen: Auwälder, feuchte Mischwälder in der ganzen Laubwaldzone Europas.
Flugzeit: VI–VII.
Raupe: Schwarz-gelb gestreift, lebt auf Traubenkirsche, Ulme, Buche, Hasel. Verpuppung am Boden in einem losen Gespinst.
Überwinterung: Als Raupe.
Beobachtungstip: Fliegen am Tag sehr träge, kommen nachts oft ans Licht.

Stachelbeerspanner

Abraxas grossulariata

Aussehen: Unverwechselbar.
Vorkommen: Hecken, Laubmischwälder, Waldränder, im Norden bis Südskandinavien.
Flugzeit: VI–VIII.
Raupe: Schwarz-gelb gefleckt, lebt auf Schlehe, Stachel- und Johannisbeere. Verpuppung in einem losen Gespinst am Boden.
Überwinterung: Als Raupe.
Beobachtungstip: Fliegt tagsüber nur selten.

Tagaktive Nachtfalter

Schwarzrandspanner

Hartheuspanner

Heidelbeerspanner

Die Spanner sind nach den Eulen die an Gattungen und Arten reichste Familie der Großschmetterlinge. Die Falter fliegen meist in der Dämmerung oder nachts. Die Raupen sind nackt und haben die Bauchbeine des 6., 7. und 8. Körpersegments rückgebildet. Sie bewegen sich „spannend" vorwärts. Sowohl der Hartheuspanner als auch der Heidelbeerspanner werden oft mit Tagfaltern verwechselt, unterscheiden sich von diesen aber deutlich durch die fadenförmigen, spitzzulaufenden Fühler.

Schwarzrandspanner

Lomaspilis marginata

Aussehen: Unverwechselbar.
Vorkommen: In der Laubwaldzone Europas, vor allem in Auwäldern.
Flugzeit: IV–VII in zwei Generationen.
Raupe: Dunkelgrün, mit drei feinen dunklen Rückenlinien und breiten weißen Seitenstreifen, lebt auf Pappeln, Weide und Hasel. Bodenpuppe.
Überwinterung: Als Puppe.
Beobachtungstip: Die Ausdehnung der Schwarzfärbung ist sehr variabel.

Hartheuspanner

Siona lineata

Aussehen: Flügeladern auf der Unterseite schwarz.
Vorkommen: Auf Magerwiesen, in ganz Europa.
Flugzeit: VI–VII.
Raupe: Gelbgrau mit dunkelbrauner Rückenlinie, lebt auf Dost, Schafgarbe, Wegerich und Johanniskraut. Verpuppung in einem Gespinst an Pflanzenstengeln.
Überwinterung: Als Raupe.
Beobachtungstip: Tagaktiv, fliegt nie weit, läßt sich bei Bedrohung ins Gras fallen.

Heidelbeerspanner

Cidaria subhastata

Aussehen: Weiß mit wellenartigen, dunklen Binden.
Vorkommen: Vor allem in bergigen Gegenden, auf Hochmooren und an Waldrändern.
Raupe: Dunkelbraun, mit schwarzer Rücken- und gelber Seitenlinie, lebt auf Heidelbeere und Birke. Bodenpuppe.
Überwinterung: Als Raupe.
Beobachtungstip: Die Falter ruhen oft mit flach ausgebreiteten Flügeln an Baumstämmen

Erleneule

Ahorneule

Pudel

Die drei Nachtfalter dieser Seite gehören zur großen Familie der Eulen. Ihre Hinterflügel, die nur im Flug sichtbar sind, sind weiß bis hellgrau und ungezeichnet.

Erleneule

Apatele alni

Aussehen: Unverwechselbar

Vorkommen: In der Laubwaldzone ganz Europas.

Flugzeit: V–VI.

Raupe: (→ Seite 212), in der Jugend Vogelkot imitierend, später auffällig gelb-schwarz mit keulenartigen Borsten; lebt auf Erle, Hasel, Eiche, Birke. Verpuppung in morschem Holz.

Überwinterung: Als Puppe.

Beobachtungstip: In der Grundfärbung manchmal wesentlich dunkler.

Ahorneule

Acronicta (Apatele) aceris

Aussehen: In der Grundfärbung von fast Weiß bis Graubraun variierend, größte Art der Gattung, häufig.

Vorkommen: In der Laubwaldzone Europas bis 1600 m.

Flugzeit: V–VIII.

Raupe: (→ Seite 212), lebt auf Ahorn, Roßkastanie, Eiche und Buche. Bodenpuppe.

Überwinterung: Als Puppe.

Beobachtungstip: Als Falter schwer von ähnlichen Arten zu unterscheiden.

Pudel

Acronicta (Apatele) leporina

Aussehen: Weiß mit mehreren sichelförmigen schwarzen Flecken.

Vorkommen: Mischwälder, Moore, nördlich bis zur Waldgrenze.

Flugzeit: V–VIII.

Raupe: (→ Seite 212), lebt auf verschiedenen Laubholzarten. Verpuppung in morschem Holz.

Überwinterung: Als Puppe.

Beobachtungstip: In wärmeren Gegenden kann sich auch eine zweite Generation entwickeln.

Nachtschwalbenschwanz

Schlehenspinner, Weibchen (M 3 : 1)

Goldafter, Weibchen mit Gelege

Der Schlehenspinner ist wegen der Flugunfähigkeit des Weibchens auf eine passive Verbreitung angewiesen. Die Weibchen locken die fliegenden Männchen mit weit wirkenden Duftstoffen an. Die frischgeschlüpften Raupen sind bereits stark behaart und werden vom Wind verfrachtet.

Nachtschwalbenschwanz, Holunderspanner

Ourapteryx sambucaria
Aussehen: Unverwechselbar, größter europäischer Spanner.
Vorkommen: Laubwälder, Buschlandschaft, vor allem in milden Gegenden der gemäßigten Zone Europas.
Flugzeit: VI–VII.
Raupe: Ähnelt einem dürren Ästchen, lebt auf Holunder, Efeu, Waldrebe und Geißblatt.
Überwinterung: Als Raupe.
Beobachtungstip: Manche Falter sind eher gelblich als weiß.

Goldafter

Euproctis chrysorrhoea
Aussehen: Meistens reinweiß, Weibchen mit rotbraunem Afterbusch.
Vorkommen: Lichte Laubmischwälder und Buschland in milden Lagen, nördlich bis Mittelskandinavien.
Flugzeit: VI–VIII.
Raupe: Ähnelt der des Schlehenspinners (→ hintere Klappe), lebt an verschiedenen Laub- und Obstbäumen. Verpuppung in losem Gespinst.
Überwinterung: Als Raupen im Gespinst.
Beobachtungstip: Dieser zu den Trägspinnern gehörende Nachtfalter ist ein gefährlicher Schädling.

Schlehenspinner

Orgyia antiqua
Aussehen: Unverwechselbar (Männchen → Seite 158).
Vorkommen: Wälder und Buschland in ganz Europa.
Flugzeit: Männchen VI–IX in zwei Generationen.
Raupe:
lebt auf verschiedenen Laubgehölzen. Verpuppung in einem Gespinst.
Überwinterung: Als Ei.

Birkenspinner, Weibchen (M 3 : 1)

Nonne

Salatmönch

Beobachtungstip: Das fluguntüchtige Weibchensitzt unbeweglich auf dem Puppengespinst.

Birkenspinner
Endromis versicolora
Aussehen: Unverwechselbar (Männchen → Seite 158).
Vorkommen: Von Norditalien bis Nordskandinavien auf Mooren und an Waldrändern mit großen Birkenbeständen.
Flugzeit: III–V.
Raupe: (→ Seite 203), lebt meist auf Birke. Bodenpuppe.
Überwinterung: Als Puppe.
Beobachtungstip: Die Männchen sind tagaktiv.

Nonne
Lymantria monacha
Aussehen: Unverwechselbar.
Vorkommen: In Nadelwäldern, im Süden nur in den Gebirgen, im Norden bis zur Waldgrenze.
Flugzeit: VII–VIII.
Raupe: Ähnlich der des Schwammspinners (→ Seite 215), aber nur mit blauen Punkten, lebt vorwiegend auf Nadelhölzern. Verpuppung am Stamm in lockerem Gespinst.
Überwinterung: Als Ei.
Beobachtungstip: Grundfärbung manchmal dunkler.

Salatmönch
Cucullia lactucae
Aussehen: Flügel weiß- und violettgrau gemischt.
Vorkommen: Auf Ödland, Wiesen und in Gärten.
Flugzeit: V–VI.
Raupe:
lebt auf Lattich, Gänsedistel und Habichtskraut. Bodenpuppe.
Überwinterung: Als Puppe.
Beobachtungstip: Von sehr ähnlichen Arten schwer zu unterscheiden.

Silberspinnerchen

Leimkrautspanner

Schwammspinner treten nicht selten massenhaft auf. In Eichenwäldern ist dann das Freßgeräusch der Raupen als deutliches Knistern gut hörbar.

Schwammspinner (M 2 : 1)

Silberspinnerchen

Cilix glaucatus

Aussehen: Unverwechselbar.
Vorkommen: In buschigem Gelände in Süd- und Mitteleuropa.
Flugzeit: IV–VIII in zwei Generationen.
Raupe: Rotbraun, lebt auf Weiß- und Schwarzdorn. Bodenpuppe.
Überwinterung: Als Puppe.
Beobachtungstip: Unterscheiden sich deutlich von den übrigen Arten der Familie der Sichelflügler.

Leimkrautspanner

Eupithecia venosata

Aussehen: Unverwechselbar, Vorderflügel langgestreckt.
Vorkommen: Lokal in milden Gegenden an Waldrändern und an warmen buschigen Trockenhängen.
Flugzeit: VI–VII.
Raupe: Grün, lebt in den Kapseln von Taubenkropf und anderen Leimkrautarten.
Überwinterung: Als Puppe.
Beobachtungstip: Die Falter sitzen oft mit flach ausgebreiteten Flügeln da.

Schwammspinner

Lymantria dispar

Aussehen: Unverwechselbar (Männchen → Seite 162).
Vorkommen: In der ganzen Laubholzzone Europas, besonders häufig im Süden.
Flugzeit: VII–VIII.
Raupe: (→ Seite 215), lebt auf verschiedenen Laubgehölzen. Verpuppung in einem losen Gespinst.
Überwinterung: Als Ei.
Beobachtungstip: Die Männchen (manchmal so hell wie die Weibchen)fliegen teilweise auch am Tag.

Rotschwanz (M 2 : 1)

Spinnerspanner, Männchen

Großer Gabelschwanz

Das Blausieb *(Zeuzera pyrina)* stellt sich bei Gefahr tot. Vorerst krümmt es den Hinterleib und scheidet eine weiße Flüssigkeit aus; in dieser Position verharrt der scheintote Falter längere Zeit.
Das Blausieb gehört zu den Bohrern. Ihre nackten Raupen bohren sich ins Holz und leben zwei Jahre in den Fraßgängen, ehe sie sich hier verpuppen.

Blausieb

Rotschwanz, Streckfuß

Dasychira pudibunda

Aussehen: Grauweiß mit zwei dunklen Querlinien auf den Vorderflügeln.
Vorkommen: Gebirgswälder im Süden, nördlich bis zur Waldgrenze, vor allem in Buchenwäldern.
Flugzeit: V–VI.
Raupe: Bürstenraupe (→ Seite 211), lebt auf Buche, Birke und Erle. Verpuppung in einem losen Gespinst.
Überwinterung: Als Puppe.
Beobachtungstip: Die Weibchen dieses Trägspinners fliegen gerne ans Licht.

Spinnerspanner

Lycia hirtaria

Aussehen: Grundfarbe graubraun, Weibchen mit Flügel.
Vorkommen: In lichten Wäldern und auf Buschland ganz Europas.
Flugzeit: IV–V.
Raupe: Lebt auf verschiedenen Laubarten, vor allem Eiche, Ulme und Weiden.
Überwinterung: Als Puppe. Überwintert oft mehrmals.
Beobachtungstip: Bei den anderen Arten dieser Gattung trägt das Weibchen nur verkümmerte Flügel.

Großer Gabelschwanz

Cerura vinula

Aussehen: Schwarze Zickzacklinie auf weißen Flügeln.
Vorkommen: In sonnigem Buschgelände, an Flußhängen mit Weiden und Pappeln.
Flugzeit: V–VI.
Raupe: (→ Seite 203), lebt auf Weiden und Pappeln. Verpuppung in einem Kokon, in den Holzstückchen eingewoben werden.
Überwinterung: Als Puppe.
Beobachtungstip: Die Raupe streckt bei Störung aus der Schwanzgabel zwei rote Fäden hervor.

Kennfarbe Gelb

Gelbe Falter

Die Gruppe der Schmetterlinge mit überwiegend gelber Flügelfarbe ist die mit Abstand kleinste. In Mitteleuropa gibt es nur rund ein halbes Dutzend gelbe Tagfalterarten, in Südeuropa ist diese Farbgruppe etwas stärker vertreten.
Die Unterscheidung zwischen gelben und orangefarbenen Faltern ist nicht immer eindeutig. In der gelben Farbgruppe werden auch die Falter behandelt, die im Flug eindeutig orangefarben, aber in der normalerweise zu beobachtenden Ruhestellung gelb erscheinen, ebenso die Arten, von denen zumindest das eine Geschlecht eindeutig gelb ist.

Der Goldgelbe Ampferkleinspanner *(Calothysanis amata)* ist in ganz Europa verbreitet. Er fliegt meist zahlreich über Grasland und Ruderalgelände. Die Raupen leben an verschiedenen Ampfer- und Knöterricharten und überwintern. Die Art ist sehr veränderlich.

Schwalbenschwanz

Schwalbenschwanz
Papilio machaon
Aussehen: Großer, farbenprächtiger Ritterfalter. In der Größe sehr variabel, insbesondere zwischen den Geschlechtern.
Vorkommen: Auf Magerwiesen und Ödland bis 2500 m, in ganz Europa. In landwirtschaftlich intensiv genutzten Gegenden überall selten.
Flugzeit: IV–X in mehreren Generationen.
Raupe: (→ Seite 203), lebt auf verschiedenen Doldenblütengewächsen, sehr gern vor allem auf Wilder Möhre, Dill und Fenchel. Eiablage meist einzeln an kleine, isolierte Pflänzchen. Gürtelpuppe.
Überwinterung: Als Puppe.
Beobachtungstip: Der Schwalbenschwanz unterscheidet sich vom Segelfalter durch die sattgelbe Grundfärbung, die schwarzen Querstreifen und kürzere Flügelschwänze. Der sehr flugtüchtige Falter findet auch im Kulturland immer wieder ökologische Nischen wie Kiesgruben und Brachstellen mit ungedüngten Futterpflanzen. Im Garten beachtet man die Raupen meist eher als die meist nur kurz verweilenden Falter.

Westlicher Osterluzeifalter
Zerynthia rumina
Aussehen: Der Westliche Osterluzeifalter trägt auch auf den Vorderflügeln eine ausgedehnte rote Zeichnung.
Vorkommen: Westlicher Mittelmeerraum, von Südfrankreich westwärts an warmtrockenen, meist felsigen Stellen. Auf der Iberischen Halbinsel bis in den Norden.
Flugzeit: III–V in einer Ge-

Westlicher Osterluzeifalter

Osterluzeifalter

Alle Raupen der Ritterfalter, zu denen neben den Apollos und dem Segelfalter auch alle Osterluzeifalter und der Schwalbenschwanz gehören, können zur Abwehr eine auffällige Nackengabel ausstülpen (→ Seite 203), die einen beißenden Geruch verströmt.
Die Puppe des Schwalbenschwanzes ist entweder grün oder braun, beide Farbtypen überwintern und können etwa gleich häufig gefunden werden. Die Puppen der Osterluzeifalter überwintern nicht selten mehrmals.

Osterluzeifalter, Unterseite

neration.
Raupe: Ähnlich der des Osterluzeifalters (→ Seite 220), lebt auf der Rundblättrigen Osterluzei. Eiablage einzeln an Blätter und Stiele der Futterpflanze. Gürtelpuppe.
Überwinterung: Als Puppe, oft zweimal.
Beobachtungstip: Im Gegensatz zum Osterluzeifalter trägt der Westliche Osterluzeifalter keine blauen Randflecke auf den Hinterflügeln, und die Rotzeichnung auf den Vorderflügeln ist sehr ausgedehnt.

Osterluzeifalter

Zerynthia polyxena
Aussehen: Vorderflügel meist ohne oder mit nur sehr kleinen roten Flecken.
Vorkommen: In lichten Auwäldern, auf sonnigen Wiesen, in extensiv bewirtschafteten Weinbergen von Südfrankreich über Norditalien ostwärts, nördlich bis Wien.
Flugzeit: II–IV in einer Generation.
Raupe: (→ Seite 220), lebt auf verschiedenen Osterluzeiarten.
Eiablage einzeln oder gruppenweise auf die Blattunterseite der Futterpflanze. Lange, schlanke Gürtelpuppe.
Überwinterung: Als Puppe, oft zweimal.
Beobachtungstip: Typisch für den Osterluzeifalter sind die blauen Randflecke auf den Hinterflügeln. Die Vorderflügel haben keine oder nur eine sehr schwache Rotzeichnung. In der Mittelzelle der Hinterflügel befindet sich eine kaffeebohnenartige schwarze Zeichnung.
Die Falter fliegen meist nur bei Sonnenschein.

Zitronenfalter, Unterseite

Südlicher Zitronenfalter, Männchen

Zitronenfalter, links das Männchen

Südlicher Zitronenfalter, Weibchen

Zitronenfalter

Gonepteryx rhamni
Aussehen: Männchen oberseits sattgelb, Weibchen blaßgrün bis grünlichweiß.
Vorkommen: Überall häufig in ganz Europa außer Nordskandinavien und Schottland, vorzugsweise an Waldrändern oder auf Buschland.
Flugzeit: II–X in einer Generation.
Raupe: (→ Seite 207), lebt auf Faulbaum und Kreuzdorn.
Eiablage einzeln an junge Blätter. Gürtelpuppe.
Überwinterung: Als Falter im Freien am oder dicht über dem Boden.
Beobachtungstip: Im Hochsommer legen die Falter eine längere Flugpause ein.
Einer der ersten Falter im Frühling.

Südlicher Zitronenfalter

Gonepteryx cleopatra
Aussehen: Vorderflügel der Männchen oberseits intensiv orange, Weibchen blaßgrün.
Vorkommen: Im ganzen Mittelmeergebiet überall häufig, bis 1000 m.
Flugzeit: II–X in einer Generation.
Raupe: Ähnlich der des Zitronenfalters (→ Seite 207), lebt auf immergrünem Kreuzdorn.
Eiablage einzeln an junge Blätter der Futterpflanze.
Gürtelpuppe.
Überwinterung: Als Falter.
Beobachtungstip: Männchen im Flug orangefarben, nicht gelb wie der Zitronenfalter.
Im Hochsommer legen die Falter eine längere Ruhepause ein.

Hochmoorgelbling

Alpengelbling

Zitronenfalter, Hochmoorgelbling und Alpengelbling gehören zur Familie der Weißlinge.
Alle Gelblingsarten und Zitronenfalter sitzen mit geschlossenen Flügeln. Die meist blassere Oberseite sieht man daher nur beim Balzspiel für längere Zeit.

Hochmoorgelbling

Colias palaeno

Aussehen: Männchen oberseits sattgelb, Weibchen grauweiß, mit breitem schwarzem Flügelrand.
Vorkommen: In den Alpen, Mittel- und Nordeuropa, auf Hochmooren und im Gebirge, fehlt in Großbritannien.
Flugzeit: VI–VII in einer Generation.
Raupe: Ähnlich der des Postillons (→ Seite 207), lebt ausschließlich auf Rauschbeere.
Eiablage einzeln auf die Blattoberseite der Futterpflanze. Gürtelpuppe.
Überwinterung: Als Raupe.
Beobachtungstip: Der Hochmoorgelbling unterscheidet sich vom Alpengelbling durch die gleichmäßig gelbgefärbte Unterseite.

Alpengelbling

Colias phicomone

Aussehen: Männchen oberseits grünlich-grau, Weibchen hell grauweiß. Unterseite mehr oder weniger gelb mit rot gerandetem Mittlfleck.
Vorkommen: Auf Bergwiesen von 900–3000 m, in den Alpen, Pyrenäen und Karpaten.
Flugzeit: VI–VIII in einer Generation.
Raupe: Ähnlich der des Postillons (→ Seite 207), lebt auf verschiedenen Schmetterlingsblütlern, vor allem Hufeisenklee.
Eiablage einzeln auf der Blattoberseite. Gürtelpuppe.
Überwinterung: Als Raupe.
Beobachtungstip: Im Unterschied zum Hochmoorgelbling ist beim Alpengelbling die Randregion der Flügelunterseite deutlich heller als der Rest des Flügels.

Gemeiner Heufalter, Unterseite

Gemeiner Heufalter, Balzflug des Männchen

Südlicher Heufalter, Paarung

Der Südliche Heufalter und der Gemeine Heufalter zählen zu den am schwierigsten zu unterscheidenden Faltern.
Der Gemeine Heufalter hat etwas rundere Flügelspitzen als der Südliche Heufalter, und das Männchen ist oberseits weniger intensiv gelb gefärbt als das des Südlichen Heufalters.

Gemeiner Heufalter

Colias hyale

Aussehen: Männchen oberseits blaßgelb, Weibchen grünlich-weiß.
Vorkommen: In Mitteleuropa, auf offenem Gelände, bis 2000 m. Nicht sehr ortstreu, als Wanderfalter vereinzelt bis Südskandinavien.
Flugzeit: V–IX in zwei Generationen.
Raupe: Ähnlich der des Postillons (→ Seite 207), lebt auf verschiedenen Klee-Arten.
Eiablage einzeln an die Blätter der Futterpflanze. Gürtelpuppe.
Überwinterung: Als Raupe.
Beobachtungstip: Der Gemeine Heufalter ist kaum vom Südlichen Heufalter zu unterscheiden, hat aber eine völlig anders gefärbte Raupe.

Südlicher Heufalter, Goldene Acht

Colias alfacoriensis

Aussehen: Männchen oberseits sattgelb, Weibchen grünlich-weiß.
Vorkommen: Mittel- und Südeuropa, auf warmen Trockenrasen.
Flugzeit: V–IX in zwei Generationen.
Raupe: (→ Seite 204/205), lebt ausschließlich auf Hufeisenklee.
Eiablage einzeln auf die Blattoberseite der Futterpflanze. Gürtelpuppe.
Überwinterung: Als Raupe.
Beobachtungstip: Der Südliche Heufalter kann fast nur anhand der Raupe vom Gemeinen Heufalter unterschieden werden. Die Falter selbst haben in der Regel etwas spitzere Flügel als die des Gemeinen Heufalters.

Südlicher Aurorafalter, Paarung

Südlicher Aurorafalter, links Männchen

Postillon, Unterseite

Der Postillon ist ein ausgeprägter Wanderfalter, der nördlich der Alpen nicht bodenständig ist, aber alljährlich von Südeuropa nach Mitteleuropa einwandert, teilweise sogar bis nach Skandinavien. Nördlich der Alpen ist er immer recht selten, im Gegensatz zu anderen Wanderfaltern wie Distelfalter und Admiral.

Südlicher Aurorafalter

Anthocharis euphenoides
Aussehen: Männchen intensiv gelb, Weibchen fast weiß, mit kleinerer und blasserer orangefarbener Flügelspitze als das Männchen.
Vorkommen: Westlicher Mittelmeerraum, nördlich bis zur Isére, vor allem in bergigen Gegenden, an trockenwarmen Stellen.
Flugzeit: IV–VI in einer Generation.
Raupe: Ähnlich der des Aurorafalters (→ Seite 207), lebt auf Brillenschötchen.
Eiablage einzeln an den Kelchblättern der Futterpflanze. Gürtelpuppe
Überwinterung: Als Puppe.
Beobachtungstip: Ähnlich sieht *Anthocharis damone* aus, der auf der Balkanhalbinsel und auf Sizilien fliegt.

Postillon, Wandergelbling

Colias crocea
Aussehen: Das Weibchen trägt im schwarzen Flügelsaum gelbe Flecken, die dem Männchen fehlen.
Vorkommen: Vor allem im Flach- und Hügelland, bis 2000 m, Nordafrika, warme Gebiete Europas und Westasiens.
Flugzeit: IV–V und VII–IX in 2–3 Generationen.
Raupe: (→ Seite 207), lebt auf Esparsette, Hornklee und Luzerne.
Eiablage einzeln an die Futterpflanze. Gürtelpuppe.
Überwinterung: Als Raupe.
Beobachtungstip: Der Postillon ist ein typischer Wanderfalter, der in manchen Jahren sehr zahlreich in Mitteleuropa vorkommt, in anderen ganz fehlen kann. Sehr schneller Flieger.

Nagelfleck (M 2 : 1)

Nagelfleck

Aglia tau

Aussehen: Weibchen größer und blasser gefärbt als Männchen. Je ein blauer, schwarzgerandeter Augenfleck auf Vorder- und Hinterflügel, in dem ein weißer „Nagel" sitzt.
Vorkommen: Überall in lichten Buchenwäldern, bis über 1000 m, fehlt nur auf den Britischen Inseln.
Flugzeit: IV–V in einer Generation, im Gebirge IV–VII.
Raupe: (→ Seite 221), lebt vor allem auf Buche, aber auch Eiche, Birke und anderen Laubbäumen. Eiablage in Ringen an Rinde. Puppe in lockerem Gespinst auf oder unter dem Boden.
Überwinterung: Als Puppe.
Beobachtungstip: Der Nagelfleck gehört zu den Augenspinnern oder Nachtpfauenaugen, ist jedoch tagaktiv. Er fliegt in zickzackförmigen, heftigen Bewegungen meist in sonnigen Mittagsstunden.

Rotrandbär

Diacrisia sannio

Aussehen: Unverwechselbar (Weibchen → Seite 131).
Vorkommen: Auwälder und Hochmoore, bis 2400 m, in ganz Europa.
Flugzeit: VI–VIII in zwei Generationen.
Raupe: Lebt auf Labkraut, Wegerich und Löwenzahn. Bodenpuppe in losem Gespinst.
Überwinterung: Als Raupe.
Beobachtungstip: Aufgescheuchte Männchen lassen sich sofort wieder ins Gras fallen.

Braunbandspanner

Scotopteryx chenopodiata

Aussehen: Unverwechselbar.
Vorkommen: An grasrei-

Rotrandbär, Männchen (M 2 : 1)

Braunbandspanner

Linienblattspanner

Schlehenspanner, Weibchen

Beim Rotrandbär ist das Weibchen wesentlich kleiner als das Männchen, eine seltene Ausnahme unter den Schmetterlingen (außer bei den Bläulingen, bei denen in der Regel die Männchen auch größer sind). Die Männchen sind sowohl tag- als auch nachtaktiv, am flugfreudigsten sind sie jedoch in der Dämmerung.

chen Stellen vom Tiefland bis ins Gebirge, in ganz Europa.
Flugzeit: VI–IX in einer Generation.
Raupe: Lebt vorzugsweise auf Schmetterlingsblütlern. Verpuppung im Boden.
Überwinterung: Als Raupe.
Beobachtungstip: Es treten auch Falter mit dunklerer Grundfärbung auf.

Linienblattspanner

Camptogramma bilineata
Aussehen: Unverwechselbar.
Vorkommen: Buschland und lichte Wälder, in ganz Europa.
Flugzeit: VI–VII in einer Generation.
Raupe: Lebt auf Ampfer, Löwenzahn, Hauhechel und Fingerkraut. Bodenpuppe.
Überwinterung: Als Raupe.
Beobachtungstip: Der Falter tritt selten auch mit dunklerer Grundfärbung auf.

Schlehenspanner

Angerona prunaria
Aussehen: Unverwechselbar, das Männchen ist orangefarben und hat gekämmte Fühler.
Vorkommen: Auf Buschland und in lichten Wäldern, vor allem Auwälder, in ganz Europa.
Flugzeit: VI–VIII in einer Generation.
Raupe: Kenntlich an den zwei Spitzen am hinteren Teil, lebt auf Schlehe, Weißdorn, Holunder und Himbeere. Verpuppung in zusammengesponnenen Blättern.
Überwinterung: Als Raupe.
Beobachtungstip: Die feinen, ringförmig angeordneten Sprenkel können auch zu größeren Flecken verfließen.

Gestreifter Flechtenbär

Habichtskrautbär

Purpurbär (M 2 : 1)

Die drei Falterarten dieser Seite gehören zur Familie der Bärenspinner, einer sehr umfangreichen Familie mit zum Teil sehr auffällig gezeichneten Arten (Warntracht!).

Gestreifter Flechtenbär

Endrosa aurita

Aussehen: Gelb, mit schwarzen Linien, die zu Punkten reduziert sein können.
Vorkommen: In den Alpen vom Talgrund bis 3000 m, vor allem an trockenwarmen Stellen.
Flugzeit: IV–X in zwei Generationen.
Raupe: (→ Seite 207), lebt auf verschiedenen Steinflechtenarten. Verpuppung in einem Gespinst an Steinen.
Überwinterung: Als Raupe.
Beobachtungstip: Sehr variabel in der Zeichnung.

Habichtskrautbär

Spiris striata

Aussehen: Unverwechselbar.
Vorkommen: Trockenwarme Hänge mit spärlicher Vegetation, in ganz Europa.
Flugzeit: VI–VII in einer Generation.
Raupe: Lebt auf Habichtskraut, Salbei, Beifuß und Wegerich. Verpuppung am Boden in einem losen Gespinst.
Überwinterung: Als Raupe.
Beobachtungstip: Im Süden trifft man oft Falter mit dunklerer Grundfarbe.

Purpurbär

Rhyparia purpurata

Aussehen: Unverwechselbar.
Vorkommen: In ganz Europa auf Mooren und an warmtrockenen Stellen, im Norden nur lokal an besonders milden Stellen.
Flugzeit: VI–VII in einer Generation.
Raupe: (→ Seite 215), lebt auf Labkraut, Beifuß, Heidekraut. Verpuppung am Boden in losem Gespinst.
Überwinterung: Als Raupe.
Beobachtungstip: Weibchen mit fadenförmigen Fühlern.

Pantherspanner

Silberstreifenzünsler

Vierpunktmotte, Weibchen

Bei der Vierpunktmotte sind Männchen und Weibchen ganz verschieden gefärbt. Das Männchen ist eher bunt schillernd als gelb gefärbt und trägt keine dunklen Punkte.

Pantherspanner

Pseudopanthea macularia
Aussehen: Unverwechselbar.
Vorkommen: In ganz Europa in lichten Wäldern und auf Buschland an milden Stellen.
Flugzeit: IV–VI in einer Generation.
Raupe: Lebt auf Minzen, Taubnessel und Hauhechel. Verpuppung am Boden in Gespinst aus Moos und Erde.
Überwinterung: Als Puppe.
Beobachtungstip: Die Grundfarbe variiert von Weißgelb bis Orange.

Silberstreifenzünsler

Olethreutes arcuella
Aussehen: Unverwechselbar.
Vorkommen: In lichten Wäldern und auf Buschland in meist milden Lagen Mittel- und Südeuropas.
Flugzeit: V–VIII in einer Generation.
Raupe: Lebt auf verrottendem Fallaub. Verpuppung am Boden in einem Kokon.
Überwinterung: Als Raupe.
Beobachtungstip: Die Grundfarbe variiert von Sattgelb bis Orange.

Vierpunktmotte

Lithorisia quadra
Aussehen: Unverwechselbar.
Vorkommen: In Buschland, Nadel- und Auwäldern, bis 1000 m, in ganz Europa.
Flugzeit: VII–VIII in einer Generation.
Raupe: Lebt auf verschiedenen Baumflechten. Verpuppung meist unter Steinen in weißem Gespinst.
Überwinterung: Als Raupe.
Beobachtungstip: Weibchen gelb mit vier dunklen Punkten auf den Vorderflügeln.

Zitronenspanner

Ginsterspanner

Der Hopfenwurzelbohrer gehört zur Familie der Wurzelbohrer, Faltern mit sehr kurzen Fühlern und langen, schmalen Flügeln. Bei dieser Familie locken die Männchen die Weibchen mit Duftstoffen an! Die Raupen leben in den Wurzeln verschiedener Pflanzen.

Hopfenwurzelbohrer, Weibchen (M 2 : 1)

Eichenspinner, Weibchen (Text → Seite 152) (M 2 : 1)

Zitronenspanner

Opisthograptis luteolata

Aussehen: Unverwechselbar.
Vorkommen: Mischwälder und Buschland, in ganz Europa.
Flugzeit: V–VII in einer Generation.
Raupe: Kommt in zwei Farbvarianten vor, braun und grün, lebt auf Weißdorn, Schlehe, Geißblatt, Weide und Eberesche. Verpuppung in einem losen Gespinst am Boden.
Überwinterung: Als Puppe.
Beobachtungstip: Die Falter fliegen gerne ans Licht.

Ginsterspanner

Rodostrophia vibicaria

Aussehen: Keine eigentlichen roten Querbänder.
Vorkommen: An trockenwarmen Stellen auf Busch- und Ödland, in ganz Europa.
Flugzeit: VI–VIII in einer Generation.
Raupe: Lebt auf Ginster und anderen Schmetterlingsblütlern, auch Schlehe und Rainfarn. Bodenpuppe.
Überwinterung: Als Raupe.
Beobachtungstip: Ähnliche Arten haben deutliche breite rote Querbänder.

Hopfenwurzelbohrer

Hepialus humuli

Aussehen: Stark bepelzter Vorderkörper.
Vorkommen: Magerwiesen, Brachland, Waldwiesen, in ganz Europa, bis 2000 m.
Flugzeit: V–VIII.
Raupe: Gelblichweiß mit schwarzen Haaren, lebt zwei Jahre in den Wurzeln von Hopfen, Möhre und Löwenzahn. Bodenpuppe.
Überwinterung: Als Raupe.
Beobachtungstip: Männchen und Weibchen sehr verschieden gefärbt, Männchen weiß.

Kleiner Weinschwärmer

Wolfsmilchspinner, Männchen

Gemeine Gelbeule

Schmuckspanner

Der Kleine Weinschwärmer *(Deilephila porcellus)* ist wesentlich seltener als der Mittlere Weinschwärmer (→ Seite 131). Er hat im Gegensatz zum größeren Verwandten keine roten Querstreifen, sondern nur am Flügelrand eine ausgedehnte Rotzeichnung. Die Vorderflügel verdecken die Hinterflügel meist nicht vollständig und sind stärker eingebuchtet als beim Mittleren Weinschwärmer.

Wolfsmilchspinner

Malacosoma castrensis
Aussehen: Unverwechselbar.
Vorkommen: Auf trockenwarmen Magerwiesen und Ödland, nördlich der Alpen nur lokal.
Flugzeit: VII–VIII.
Raupe: (→ Seite 215), lebt auf Wolfsmilch, Flockenblume, Brombeere und Beifuß. Bodenpuppe.
Überwinterung: Als Ei.
Beobachtungstip: Das Weibchen ähnelt sehr dem Männchen des Ringelspinners (→ Seite 159), hat aber fadenförmige Fühler.

Gemeine Gelbeule

Xanthia (Cirrhia) icteritia
Aussehen: Grundfarbe von Gelblichweiß bis Sattgelb.
Vorkommen: Auwälder, Waldränder, Buschland, in ganz Europa bis 1800 m.
Flugzeit: VIII–X in einer Generation.
Raupe: Lebt jung in Weidenkätzchen, später an verschiedenen niederen Kräutern. Verpuppung am Boden.
Überwinterung: Als Ei.
Beobachtungstip: Mit je einem weißen, scharz umrandeten Fleck auf den Vorderflügeln; Hinterflügel weiß.

Schmuckspanner

Sterrha sacraria
Aussehen: Unverwechselbar.
Vorkommen: An trockenwarmen, buschigen Stellen Südwesteuropas, nördlich der Alpen nur sehr lokal und selten.
Flugzeit: IV–XI in mehreren Generationen.
Raupe: Lebt auf Vogelknöterich. Bodenpuppe.
Überwinterung: Als Puppe.
Beobachtungstip: Fliegt gerne ans Licht.

Orangefarbene Falter

Die Schmetterlinge mit überwiegend orangefarbenen Flügeln bilden eine der größten Gruppen unter den tagaktiven Faltern; dagegen zählen zu dieser Gruppe nur wenige Nachtfalter.
Neben den zu den Bläulingen gehörenden Feuerfaltern sind praktisch alle Perlmutter- und Scheckenfalterarten in der Farbgruppe „Orangefarben" zu finden. Bei vielen Perlmutterfaltern sind jedoch die Weibchen mehr oder weniger stark grünlich übergossen.

Der Märzveilchenfalter *(Fabriciana adippe)* gehört zur Familie der Perlmutterfalter, mittelgroße Falter mit orangefarbenen Flügeln, die mit schwarzen Flecken und Streifen gezeichnet sind. Die großen Arten können sehr gut fliegen und sind eifrige Blütenbesucher, vor allem an Disteln, Dost und Brombeeren.

Kaisermantel, Balzflug (links das Männchen)

Kaisermantel

Argynnis paphia

Aussehen: Das Männchen besitzt auf den Vorderflügeln schwarze Querstriche, sogenannte Duftschuppenflecken. Das Weibchen tritt nördlich der Alpen selten, im Süden häufig in einer grünlichgrauen Form auf.
Vorkommen: In fast ganz Europa, außer Südspanien und Nordskandinavien, vor allem auf Waldlichtungen und Waldrändern, bis 1200 m, auch auf Buschland und in Gärten.
Flugzeit: VII–VIII in einer Generation.
Raupe: Ähnlich der des Kleinen Fuchses (→ Seite 219), aber mit hellen Dornen. Lebt einzeln auf Veilchen, Brombeere und Heidelbeere.
Die Eier werden einzeln in Rindenritzen von Fichten und Föhren geklebt. Verpuppung als Stürzpuppe am Baumstamm oder in der Bodenvegetation.
Überwinterung: Als Raupe.
Beobachtungstip: Die Vorderflügelunterseite ist orangefarben, beim ähnlichen Kardinal dagegen rot gefärbt.

Brombeerperlmutterfalter

Brenthis daphne

Aussehen: Oberseits ähnlich dem Märzveilchenfalter (→ Seite 112).
Vorkommen: Süd- und Mitteleuropa, nördlich der Alpen nur sehr lokal an milden Lagen. In lichten Mischwäldern und auf blumenreichen Buschland, bis 1000 m.
Flugzeit: VI–VII in einer Generation.
Raupe: Ähnlich der des Kleinen Perlmutterfalters lebt auf Brombeere.
Eiablage einzeln an Futter-

Kaisermantel, Unterseite

Brombeerperlmutterfalter

Kardinal

pflanze. Stürzpuppe in der Bodenvegetation oder an Gehölz.
Überwinterung: Als Raupe.
Beobachtungstip: Der sehr ähnliche, nördlich der Alpen häufigere, aber fast nur auf Feuchtwiesen fliegende **Violette Silberfalter** *(Brenthis io)* hat unterseits nur eine schmale, scharf begrenzte Blauzeichnung, während beim Brombeerperlmutterfalter fast die Hälfte des Hinterflügels blau übergossen ist.

Kardinal

Pandoriana pandora
Aussehen: Das Männchen hat auf den Vorderflügeln schwarze Querstriche. Weibchen immer grünlichgrau übergossen.
Vorkommen: Südeuropa, in den Alpensüdtälern selten, in Südeuropa verbreitet an Waldrändern, auf Buschland und an blumenreichen Stellen bis 1000 m.
Flugzeit: V–VI in einer Generation.
Raupe: Ähnlich der des Großen Fuchses (→ Seite 219), lebt einzeln auf Veilchenarten, vor allem dem Wilden Stiefmütterchen. Eiablage einzeln an Blätter der Futterpflanze. Stürzpuppe an Steinen oder in der Bodenvegetation.
Überwinterung: Als Raupe.
Beobachtungstip: Im Gegensatz zum Kaisermantel ist auch das Männchen oberseits, vor allem auf den Hinterflügeln, leicht grünlich. Die Vorderflügelunterseite ist rot, nur an der Flügelspitze orange wie beim Kaisermantel.

Märzveilchenfalter, zwei Weibchen

Märzveilchenfalter

Fabriciana adippe

Aussehen: Männchen auf den Vorderflügeln mit kräftigen schwarzen, oft glänzenden Querstrichen, sogenannten Duftschuppenflecken.
Vorkommen: Waldlichtungen, Waldränder, auch offene Magerwiesen, vor allem in bergigen Gegenden bis 2000 m. Ganz Europa außer Nordskandinavien und Schottland.
Flugzeit: VI–VII in einer Generation.
Raupe: Ähnlich der des Kleinen Perlmutterfalters (→ Klappe hinten), in der Färbung sehr variabel. Lebt auf Veilchenarten. Die Raupen fressen nur nachts und verkriechen sich tagsüber unter dürren Blättern.
Eiablage einzeln an Blätter der Futterpflanze. Stürzpuppe an Steinen oder in der Bodenvegetation.
Überwinterung: Als Ei.
Beobachtungstip: Der Märzveilchenfalter und der Stiefmütterchenfalter sind sehr ähnlich. Beide Arten treten in zwei Formen auf, mit oder ohne Silberflecken auf der Unterseite. Der Stiefmütterchenfalter hat als sicherstes Unterscheidungsmerkmal in der Mittelzelle der Hinterflügelunterseite einen hellen, schwarzgekernten Fleck, der dem Märzveilchenfalter fehlt.
Die Häufigkeit der beiden Farbvarianten variiert beim Märzveilchenfalter geografisch sehr stark. Im Nord- und Nordosteuropa ist die silbrige Form viel häufiger, gegen Süden kehrt sich das Verhältnis. Auf Sizilien fehlt die silbrige Form vollständig.

Märzveilchenfalter, Männchen

Stiefmütterchenfalter

Märzveilchenfalter, Unterseite

**Alle Perlmutterfalter haben eine orangefarbene bis rotgelbe Grundfärbung und tragen auf den Flügeln schwarze Flecken oder Streifen. Charakteristisch sind die wie Perlmutt schimmernden Stellen auf der Unterseite der Hinterflügel.
In Mitteleuropa sind 17 Arten bekannt.**

Stiefmütterchenfalter, Mittlerer Perlmuttfalter

Fabriciana niobe

Aussehen: Die schwarzen Duftschuppenflecke beim Männchen sind viel weniger ausgeprägt als beim Märzveilchenfalter. Die Weibchen sind oft grüngrau übergossen.
Vorkommen: In ganz Europa außer Nordskandinavien, Großbritannien und den Mittelmeerinseln, auf blumenreichen Wald- und Bergwiesen, bis 2500 m.
Flugzeit: VI–VII in einer Generation.
Raupe: Ähnlich der des Kleinen Perlmutterfalters (→ Klappe hinten), in der Färbung recht variabel. Lebt auf verschiedenen Veilchenarten.
Eiablage einzeln an Futterpflanze. Stürzpuppe an Steinen oder in der Bodenvegetation.
Überwinterung: Als Ei.
Beobachtungstip: Stiefmütterchenfalter haben im Gegensatz zum Märzveilchenfalter in der Mittelzelle der Hinterflügelunterseite einen hellen, schwarzgekernten Fleck.
Auch der Stiefmütterchenfalter tritt in einer Form mit Silberflecken auf. Sie kommt beim Weibchen und im Tiefland häufiger vor, ist allgemein aber seltener als die Form ohne Silberflecken. Nicht selten gibt es auch farbliche Übergangsformen.
Der sehr ähnliche Große Perlmutterfalter besitzt eine grünliche Flügelunterseite, ohne Silberflecken und ohne schwarzgekernten Fleck.

Großer Perlmutterfalter

Kleiner Perlmutterfalter

Der Kleine Perlmutterfalter ist der einzige Tagfalter, der in verschiedenen Stadien überwintert: als Raupe, Puppe oder Falter, dies zumindest im Süden. Nördlich der Alpen scheint der Kleine Perlmutterfalter – falls überhaupt – nur als Raupe zu überwintern, tritt er hier doch meist erst im späten Frühjahr auf. Der Kleine Perlmutterfalter zählt zu den Wanderfaltern und fliegt vereinzelt bis nach Großbritannien und Nordskandinavien, wo er jedoch nicht bodenständig ist.

Kleiner Perlmutterfalter, Unterseite

Großer Perlmutterfalter

Mesoacidalia aglaja
Aussehen: Männchen oberseits sehr ähnlich dem Stiefmütterchenfalter. Weibchen nur an der Flügelbasis leicht verdunkelt. Grundfarbe unterseits grüngrau.
Vorkommen: Auf Magerwiesen, an Waldrändern, bis zur Waldgrenze, ganz Europa.
Flugzeit: VI–VII in einer Generation.
Raupe: Schwarz mit roten Seitenflecken, bedornt; lebt auf verschiedenen Veilchenarten und Schlangenknöterich. Eiablage einzeln an Blattstiele der Futterpflanze. Stürzpuppe in der Bodenvegetation.
Überwinterung: Als Raupe.
Beobachtungstip: Unterscheidet sich von den vorherigen Arten durch die grüne Flügelunterseite.

Kleiner Perlmutterfalter

Issoria lathonia
Aussehen: Schon aufgrund der Flügelform unverwechselbar.
Vorkommen: Auf Ödland und blumenreichen, warmtrockenen Stellen, bis 2500 m, in ganz Europa, im Norden nur als seltener Wanderfalter.
Flugzeit: III–X in mehreren Generationen.
Raupe: lebt ausschließlich auf dem Wilden Stiefmütterchen. Eiablage einzeln an Blattstiel der Futterpflanze. Stürzpuppe in der Bodenvegetation.
Überwinterung: Als Raupe, Puppe oder Falter.
Beobachtungstip: Im Gegensatz zu allen anderen Perlmutterfaltern ist der Flügelaußenrand der Vorderflügel deutlich eingebuchtet.

Natterwurzperlmutterfalter, Männchen

Hochalpenperlmutterfalter

Natterwurzperlmutterfalter, Unterseite

Hochalpenperlmutterfalter, Paarung

Natterwurzperlmutterfalter

Clossiana titania
Aussehen: Weibchen weniger intensiv orange, leicht grünlichgrau übergossen.
Vorkommen: Alpen, Alpenvorland, Gebirge des Balkans, in Finnland und im Baltikum, meist auf feuchten Waldwiesen.
Flugzeit: VI–VIII in einer Generation.
Raupe:
lebt auf Natterwurz und Veilchen.
Eiablage einzeln an Futterpflanze oder in deren Nähe. Stürzpuppe an Steinen oder in der Bodenvegetation.
Überwinterung: Als Raupe.
Beobachtungstip: Oberseits auf den Hinterflügeln auffallend große, ovale Flecke; unterseits ziemlich bunt, violett, braun, orange und schwarz gemischt.

Hochalpenperlmutterfalter

Boloria napaea
Aussehen: Sehr feine Schwarzzeichnung auf der Oberseite. Weibchen immer mehr oder weniger grüngrau übergossen.
Vorkommen: Alpen, Pyrenäen und Skandinavien, oberhalb der Baumgrenze, vor allem auf blumenreichen Bergwiesen.
Flugzeit: VII–VIII in einer Generation.
Raupe: Lebt auf Veilchen und Knötericharten.
Eiablage einzeln an Futterpflanze. Stürzpuppe an Steinen oder in der Bodenvegetation.
Überwinterung: Als Raupe, manchmal zweimal.
Beobachtungstip: Der ähnliche **Hochmoorperlmutterfalter** *(Boloria aquilonaris)* hat auf den Flügeloberseiten eine etwas kräftigere Schwarzzeichnung.

Flockenblumen-Scheckenfalter, Paar bei der Balz

Kleiner Scheckenfalter

Leinkraut-Scheckenfalter

Flockenblumen-Scheckenfalter

Melitaea phoebe

Aussehen: Einer der sichelförmigen Randflecke am Außenrand der Vorderflügel ist auffallend groß. Grundfärbung fast streifenartig orange- und ockerfarben.
Vorkommen: Auf blumenreichen Magerrasen, bis 2000 m, Süd- und Mitteleuropa.
Flugzeit: IV–IX in zwei Generationen südlich der Alpen, im Norden V–VII in einer Generation.
Raupe: Ähnlich der des Gemeinen Scheckenfalters (→ Seite 221) mit schwarzem Kopf und rotbraunen Seitenstreifen. Lebt auf Flockenblumen.
Die Eier werden häufchenweise an die Blattunterseiten der Futterpflanze geklebt. Stürzpuppe.
Überwinterung: Als Jungraupen in dichtem Seidengespinst am Boden.
Beobachtungstip: Unterscheidet sich vom Leinkraut-Scheckenfalter durch das Fehlen des hantelförmigen schwarzen Flecks am Innenrand der Vorderflügel.

Kleiner Scheckenfalter

Mellicta asteria

Aussehen: Auffallend klein. Flügelbasis stark verdunkelt, Randflecke der Vorderflügel weiß.
Vorkommen: In den Ostalpen von Chur an ostwärts, auf kurzrasigen Almwiesen über der Waldgrenze.
Flugzeit: VII–VIII in einer Generation.
Raupe: Ähnlich der des Silberscheckenfalters (→ Seite 221), lebt zwei Jahre auf Alpenwegerich.
Die Eier werden mehrschichtig an die Blattunterseite geklebt. Stürzpuppe.

Veilchen-Scheckenfalter (links Männchen, rechts Weibchen) (M 2 : 1)

Überwinterung: Als Raupe.
Beobachtungstip: Wegen der zweijährigen Raupenentwicklung ist der Falter an den Fundstellen auch nur alle zwei Jahre häufig.

Leinkraut-Scheckenfalter
Mellicta deione
Aussehen: Am Innenrand der Vorderflügel ein auffallender, schwarzer, hantelförmiger Fleck.
Vorkommen: Südwesteuropa an Standorten von Leinkraut-Arten.
Flugzeit: Im Süden V–IX in zwei Generationen, im Norden Ende VI bis Anfang VII, eine Generation.
Raupe: Ähnlich der des Veilchen-Scheckenfalters (→ Seite 221), lebt nur auf Leinkraut-Arten. Eiablage häufchenweise an der Futterpflanze. Stürzpuppe.
Überwinterung: Als Raupe.
Beobachtungstip: Das Weibchen legt die Eier fast immer an isolierte Pflanzen an steinigen Stellen.

Veilchen-Scheckenfalter
Euphydryas cynthia
Aussehen: Männchen vorwiegend schwarz-weiß gefärbt, Weibchen ähnelt anderen Scheckenfalterarten.
Vorkommen: In den Alpen ab 1500 m, auf wenig beweideten Almwiesen, sitzt gerne auf Alpenrosen und Wacholder.
Flugzeit: Ende VI–VII in einer Generation.
Raupe: (→ Seite 221), lebt auf Alpenwegerich und Langspornigem Stiefmütterchen.
Eiablage häufchenweise an der Blattunterseite der Futterpflanze. Stürzpuppe.
Überwinterung: Zweimal als Raupe.
Beobachtungstip: Die Falter fliegen schnell und dicht über dem Boden.

Skabiosenscheckenfalter

Skabiosenscheckenfalter
Euphydryas aurinia
Aussehen: Grundfärbung orange und ockergelb. In der orangefarbenen Randbinde auf den Hinterflügeln kleine schwarze Punkte.
Vorkommen: Auf Feuchtwiesen bis 1500 m, in fast ganz Europa außer Nordskandinavien.
Flugzeit: V–VI in einer Generation.
Raupe: (→ Seite 218), lebt auf Skabiose, Teufelsabbiß und Enzian.
Eiablage gruppenweise an die Blattunterseite. Stürzpuppe an Steinen oder in der Bodenvegetation.
Überwinterung: Als Raupe.
Beobachtungstip: Der ähnliche Gemeine Scheckenfalter hat eine einheitliche gelborangefarbene Grundfärbung.

Gemeiner Scheckenfalter
Melitaea cinxia
Aussehen: Grundfärbung einheitlich gelborange. Auf den Hinterflügeln kleine schwarze, isolierte Randflecken.
Vorkommen: Auf meist trockenwarmen Magerwiesen, bis 2000 m, in ganz Europa außer Nordskandinavien und Großbritannien.
Flugzeit: V–IX in zwei Generationen.
Raupe: (→ Seite 221), lebt auf Wegerich und Flockenblume.
Eiablage häufchenweise an die Blattunterseite der Futterpflanzen. Stürzpuppe an Steinen oder in der Krautschicht.
Überwinterung: Als Raupe.
Beobachtungstip: Der Gemeine Scheckenfalter ist an der Punktreihe auf den Hinterflügeln leicht von ähnlichen Arten zu unterscheiden.

Gemeiner Scheckenfalter (M 1,5 : 1)

Wegerich-Scheckenfalter

Scheckenfalter sind orange- bis ockerfarbene, kleine bis mittelgroße Falter, mit meist schwarzen Binden auf der Flügeloberseite und bunter Flügelunterseite. Ihre Raupen sind walzenförmig und leben in der Jugend gesellig in gemeinsamen Gespinsten an niedrigen Pflanzen. In Mitteleuropa gibt es 14 verschiedene Arten, die oft nicht leicht voneinander zu unterschei.den sind.

Silberscheckenfalter

Wegerich-Scheckenfalter

Mellicta athalia

Aussehen: Meist ziemlich regelmäßige Verteilung der Schwarzzeichnung.
Vorkommen: Auf Magerwiesen bis über 2000 m, in ganz Europa.
Flugzeit: V–IX in zwei Generationen.
Raupe: Ähnlich der des Silberscheckenfalters (→ Seite 221), lebt auf Spitzwegerich, Mittlerem Wegerich, Ehrenpreis und Leinkraut. Eiablage häufchenweise an die Blattunterseite. Stürzpuppe an Futterpflanze oder Steinen.
Überwinterung: Als Raupe.
Beobachtungstip: Weil die schwarzen Zeichnungselemente manchmal variieren, ist die Art am sichersten aufgrund der farbkonstanten Raupe von ähnlichen Arten zu unterscheiden.

Silberscheckenfalter

Melitaea diamina

Aussehen: Die Hinterflügel, vor allem beim Männchen, stark verdunkelt, häufig nur noch helle Randpunkte.
Vorkommen: Auf Feuchtwiesen und in lichten Wäldern, von Frankreich ostwärts durch Mitteleuropa. Fehlt in Nordskandinavien, Großbritannien und im Mittelmeerraum.
Flugzeit: V–IX in zwei Generationen.
Raupe: (→ Seite 221), lebt ausschließlich auf Baldrian. Eiablage gruppenweise an die Blattunterseite. Stürzpuppe an Steinen oder in der Bodenvegetation.
Überwinterung: Als Raupe.
Beobachtungstip: Es treten auch Weibchen mit stark verdunkelten Hinterflügeln auf. Sie unterscheiden sich vom Männchen nur durch den wesentlich dickeren Körper.

Großer Fuchs

Zürgelbaumfalter

Kleiner Fuchs

Die Falter dieser und der nächsten Doppelseite sind sogenannte „Zackenfalter oder Eckflügler". Sie gehören zu den schönsten, bekanntesten und häufigsten Tagfaltern. Der C-Falter zeigt einen ausgeprägten Saisondimorphismus: Die Falter der 1. Generation, das heißt nicht überwinternde, im Hochsommer fliegende Tiere, sind oberseits fast so hell wie der Südliche C-Falter. Die Unterseite der 2. Generation ist fast schwarz.

Großer Fuchs

Nymphalis polychloros

Aussehen: Unterseite braun marmoriert, Oberseite ohne Weißzeichnung und mit nur schwach ausgebildeten blauen Randflecken, meist nur auf den Hinterflügeln.
Vorkommen: Lichte Wälder, offenes baum- und buschbestandenes Gelände bis 1500 m, in ganz Europa außer dem äußersten Norden. Nie häufig.
Flugzeit: III–X in zwei Generationen.
Raupe: (→ Seite 218), lebt gesellig vor allem auf Weiden und Ulme.
Eiablage ringförmig um Zweige. Stürzpuppe in Bodennähe an dürren Blättern oder Steinen.
Überwinterung: Als Falter.
Beobachtungstip: Im Hinterteil der Vorderflügel vier isolierte schwarze Flecken (beim Kleinen Fuchs drei). Die blauen Randflecke sind nur schwach ausgebildet und meist nur auf den Hinterflügeln vorhanden.

Kleiner Fuchs

Aglais urticae

Aussehen: Unterseite graubraun mit heller Binde auf den Hinterflügeln. Auf der Oberseite an der Flügelspitze ein kleiner weißer Fleck; kräftige blaue Randflecken auf Vorder- und Hinterflügeln.
Vorkommen: Überall häufig in Europa, im Hochsommer bis ins Hochgebirge.
Flugzeit: II–X in mehreren Generationen.
Raupe: (→ Seite 219), lebt gesellig an sonnigen Stellen auf Brennesseln. Eiablage häufchenweise an der

C-Falter, Unterseite

C-Falter (Zweite Generation)

Südlicher C-Falter

Der Südliche C-Falter *(Polygonia egea)* ist heller als der C-Falter, die schwarze Fleckenzeichnung ist stark reduziert und fehlt auf den Hinterflügeln fast ganz. Er kommt an trockenheißen, meist felsigen Stellen in Südosteuropa vor.

Blattunterseite. Stürzpuppe an der Futterpflanze, Ästen oder Steinen.
Überwinterung: Als Falter.
Beobachtungstip: Im Hinterteil der Vorderflügel nur drei isolierte schwarze Flecken. Die blauen Randflecke sind immer sehr gut entwickelt.

Zürgelbaumfalter

Libythea celtis
Aussehen: Unverwechselbar.
Vorkommen: Südeuropa bis in die Alpentäler, an allen Standorten der Raupenfutterpflanze.
Flugzeit: II–X in zwei Generationen.
Raupe: (→ Seite 207), lebt ausschließlich auf Zürgelbaum. Eiablage einzeln in Blattknopsen. Stürzpuppe an Zweigen der Futterpflanze.
Überwinterung: Als Falter.
Beobachtungstip: Im Hochsommer können auch Falter weitab der Futterpflanze in Hohen bis über 1000 m beobachtet werden.

C-Falter

Polygonia c-album
Aussehen: Unverwechselbar. Erste Generation auf der Unterseite hellbraun, zweite fast schwarz.
Vorkommen: Waldränder und Buschland, ganz Europa, bis 2000 m
Flugzeit: III–X in zwei Generationen.
Raupe: (→ Seite 219), lebt auf Brennesseln, seltener auf Hasel, Ulme und Hopfen. Eiablage einzeln an die Futterpflanze. Stürzpuppe an Futterpflanze oder an Steinen.
Überwinterung: Als Falter.
Beobachtungstip: Auf der Unterseite immer ein deutliches weißes C. Flügel sehr stark gefurcht.

Distelfalter

Landkärtchen (Erste Generation)

Landkärtchen, Paarung

Distelfalter

Vanessa cardui

Aussehen: Ähnelt dem Kleinen Fuchs, ist jedoch blasser gefärbt und größer. Eindeutiges Kennzeichen sind fünf Augenflecken auf der Unterseite der Hinterflügel. Vorderflügel mit rosafarbenen Flecken auf Ober- und Unterseite.
Vorkommen: Auf Ödland und an blumenreichen Stellen bis 2000 m, mit Ausnahme von Südamerika über die ganze Welt verbreitet.
Flugzeit: IV–X in mehreren Generationen.
Raupe: (→ Seite 219), in der Färbung sehr variabel, graugrün bis schwärzlich mit gelben Flecken und Streifen und gelben, verästelten Dornen. Lebt vorwiegend auf Disteln, seltener auf Brennessel, Huflattich und Klette.
Eiablage einzeln an die Blattunterseite der Futterpflanze. Stürzpuppe an Futterpflanze oder an Steinen.
Überwinterung: Nur südlich der Alpen als Falter.
Beobachtungstip: Wandernde Falter sind an einem sehr schnellen, zielgerichteten Flug knapp über dem Boden zu erkennen. Kommen sie an ein Hindernis, wird dieses nicht um-, sondern knapp überflogen.
Bisher konnten nur von Süden einwandernde Tiere beobachtet werden, keine Rückkehrer in den Süden.

Landkärtchen

Araschnia levana

Aussehen: Unverwechselbar, vor allem aufgrund der Unterseite (Name). Zwei Generationen von ganz verschiedenem Aussehen: Erste Generation braun-

Tagpfauenauge (M 2 : 1)

gelb, zweite Generation schwarzbraun.
Vorkommen: In Mitteleuropa inselartig verbreitet in lichten Auen- und Mischwäldern. In Südeuropa nur ganz lokal und selten.
Flugzeit: IV–X in zwei Generationen.
Raupe: (→ Seite 219), lebt gesellig an halbschattigen Standorten auf Brennesseln.
Eiablage in Form von Türmchen an der Blattunterseite. Stürzpuppe an Futterpflanze oder an dürrem Unterholz.
Überwinterung: Als Puppe.
Beobachtungstip: Sehr selten können Falter beobachtet werden, die in der Färbung zwischen den beiden Generationsformen liegen.

Tagpfauenauge
Inachis io
Aussehen: Unverwechselbar, unterseits fast einfarbig schwarzbraun.
Vorkommen: In ganz Europa außer Nordskandinavien überall häufig, bis 2500 m.
Flugzeit: IIX–X in zwei Generationen.
Raupe: (→ Seite 219), lebt gesellig auf Brennesseln, meist in der Nähe von Gewässern.
Eiablage häufchenweise an die Blattunterseite der Futterpflanze. Stürzpuppe an der Futterpflanze oder Steinen.
Überwinterung: Als Falter.
Beobachtungstip: Das Tagpfauenauge gehört zu den häufigsten Tagfaltern.
Der Falter variiert in der Größe sehr stark.

Mauerfuchs, Weibchen mit geöffneten Flügeln

Birkenzipfelfalter (M 1,5 : 1)

Mauerfuchs, Männchen

Bei den Zipfelfaltern tragen die meisten Arten an den Hinterflügeln kurze, breite Schwänzchen. Auf den Flügelunterseiten sind schmale, weiße Binden zu sehen. Die Falter fliegen meist um Gebüsch und Baumkronen und sind daher selten zu sehen.

Mauerfuchs

Lasiommata megera
Aussehen: Unverwechselbar. Das Männchen trägt auf den Vorderflügeln einen ausgeprägten dunklen Duftschuppenfleck.
Vorkommen: An trockenwarmen, meist felsigen Stellen bis 1200 m, in ganz Europa außer Nordskandinavien und Schottland.
Flugzeit: IV–IX in mehreren Generationen.
Raupe: Ähnlich der des Ochsenauges (→ Seite 207), lebt auf verschiedenen Gräsern.
Eiablage einzeln an dürre Grashalme. Stürzpuppe an Steinen.
Überwinterung: Als Raupe.
Beobachtungstip: Die Falter setzen sich gerne mit geschlossenen Flügeln auf Felsen (Namen), auf denen sie perfekt getarnt sind.

Birkenzipfelfalter, Nierenfleck

Thecla betulae
Aussehen: Unverwechselbar (Weibchen → Seite 146), Männchen oberseits einfarbig braun.
Vorkommen: Waldränder und buschbestandenes Gelände bis 1000 m. Fehlt in Nordskandinavien und im Süden Europas.
Flugzeit: VII–X in einer Generation.
Raupe: (→ Seite 209), lebt auf verschiedenen *Prunus*-Arten.
Eiablage einzeln oder in kleinen Gruppen in Astgabeln oder an Knospenansätze vorwiegend kleiner, in der Sonne gelegener Schwarzdornbüsche. Verpuppung in der Bodenvegetation.
Überwinterung: Als Ei.
Beobachtungstip: Die Falter können meist erst im Spätsommer oder Herbst bei der Eiablage beobachtet werden.

Ampferfeuerfalter, Pärchen (links Weibchen)

Violetter Feuerfalter, Männchen

Feuerfalter sind in ihrer Grundfärbung meist orangefarben bis rot. Bei den meisten Arten unterscheiden sich Männchen und Weibchen sehr stark im Aussehen. Die Raupen aller Feuerfalter leben auf Ampferarten und sind einander sehr ähnlich. Nicht selten werden sie von Ameisen umsorgt.

Ampferfeuerfalter
Heodes hippothoë
Aussehen: Männchen leuchtendrot, Weibchen ganz braun oder nur mit braunen Hinterflügeln.
Vorkommen: Auf Feuchtwiesen in Mittel- und Nordeuropa, bis 1000 m.
Flugzeit: V–VII in einer Generation.
Raupe: Ähnlich der des Großen Feuerfalters (→ Seite 209), lebt auf verschiedenen Ampferarten, vor allem Sauerampfer. Eiablage einzeln an Stiel der Futterpflanze. Gürtelpuppe in der Bodenvegetation.
Überwinterung: Als Raupe.
Beobachtungstip: Die Männchen treten selten in einer blauviolett schillernden Form auf und haben manchmal einen kleinen schwarzen Fleck auf den Vorderflügeln.

Violetter Feuerfalter
Heodes alciphron
Aussehen: Das Männchen hat meist eine feinere Schwarzzeichnung als das Weibchen und ist blauviolett übergossen.
Vorkommen: In ganz Europa außer Nord- und Nordwesteuropa, an trockenwarmen, blumenreichen Stellen bis 1200 m.
Flugzeit: VI–VIII in einer Generation.
Raupe: Ähnlich der des Großen Feuerfalters (→ Seite 209), lebt auf Ampferarten.
Eiablage einzeln an die Blattunterseite. Gürtelpuppe in der Bodenvegetation.
Überwinterung: Als Raupe.
Beobachtungstip: Die Männchen sind sehr unterschiedlich stark blauviolett übergossen, Weibchen manchmal in der Grundfärbung braun statt orangefarben.

Großer Feuerfalter (links Weibchen, rechts Männchen) (M 0,5 : 1)

Beim Großen Feuerfalter tritt die Zweite Generation immer viel häufiger auf als die Erste Generation.

Kleiner Feuerfalter

Brauner Feuerfalter, Weibchen

Großer Feuerfalter

Lycaena dispar
Aussehen: Männchen leuchtendrot, Weibchen mit braunen Hinterflügeln und schwarzer Zeichnung auf den Vorderflügeln.
Vorkommen: In Mittel- und Südosteuropa, lokal auf Feuchtwiesen, an Bachufern, auf Ödland mit Ampferarten.
Flugzeit: V–IX in zwei Generationen.
Raupe: (→ Seite 209), lebt auf verschiedenen Ampferarten.
Eiablage einzeln oder reihenweise, vorzugsweise entlang der Mittelrippe auf der Blattoberseite der Futterpflanze. Gürtelpuppe in der Bodenvegetation.
Überwinterung: Als Raupe.
Beobachtungstip: Die Männchen tragen auf den Vorderflügeln immer einen kräftigen schwarzen Fleck, auf den Hinterflügeln einen feinen schwarzen Strich

Kleiner Feuerfalter

Lycaena phlaeas
Aussehen: Hinterflügel leicht geschwänzt, mit kleinen blauen Randflecken.
Vorkommen: In ganz Europa, auf Ödland und an warmen, blumenreichen Stellen, bis 2000 m.
Flugzeit: II–XI in mehreren Generationen.
Raupe: (→ Seite 209), kann auch fast einfarbig grün sein; lebt auf verschiedenen Ampferarten.
Eiablage einzeln an Futterpflanze. Verpuppung in zusammengesponnenen Blättern.
Überwinterung: Als Raupe.
Beobachtungstip: Die Hinterflügelunterseite ist einfarbig graubraun.

Dukatenfalter (links Weibchen, rechts Männchen)

Brauner Feuerfalter

Heodes tityrus
Aussehen: Männchen in der Grundfärbung braun. Weibchen meist mit orangefarbenen, schwarzgefleckten Vorderflügeln und braunen Hinterflügeln mit orangefarbener Randzeichnung.
Vorkommen: An blumenreichen, meist trockenwarmen Stellen bis 1500 m. Ganz Europa außer Skandinavien, Großbritannien und Südspanien.
Flugzeit: IV–IX in zwei Generationen.
Raupe: Ähnlich der des Großen Feuerfalters (→ Seite 209), lebt auf Ampferarten.
Eiablage einzeln an die Blattstielbasis. Gürtelpuppe in der Bodenvegetation.
Überwinterung: Als Raupe.
Beobachtungstip: Es treten auch Weibchen mit nur braunen Flügeln auf.

Dukatenfalter

Heodes virgaureae
Aussehen: Männchen leuchtendorangefarben, Weibchen blasser mit vielen schwarzen Punkten.
Vorkommen: Auf blumenreichen Wiesen vor allem in bergigen Gegenden bis 2500 m. Fehlt in Nordskandinavien, Nordwesteuropa sowie im Süden Europas.
Flugzeit: VI–VIII in einer Generation.
Raupe: Ähnlich der des Großen Feuerfalters (→ Seite 209), lebt vor allem auf Schildampfer.
Eiablage einzeln am Blattstiel. Verpuppung in der Bodenvegetation.
Überwinterung: Als Raupe.
Beobachtungstip: Unterscheidet sich von den anderen Feuerfaltern durch die weißen Flecken auf der Hinterflügelunterseite.

Großer Heufalter

Kleiner Heufalter

Waldwiesenvögelchen (M 2 : 1)

Die Gattung *Coenonympha* gehört zur Familie der Augenfalter. Bei diesen Faltern ist meist die Unterseite der Flügel stärker mit Augen versehen als die Oberseite.
Der Kleine Heufalter *(Coenonympha pamphilus)* hat im Unterschied zum Großen Heufalter auf der Unterseite der Hinterflügel oft keine oder nur schwach angedeutete Augenflecke. Die Flügeloberseite ist orangefarben mit breitem braunem Rand.

Großer Heufalter

Coenonympha tullia
Aussehen: Oberseits einfarbig orangebraun.
Vorkommen: Auf Feuchtwiesen mit Wollgras, in Nord- und Mitteleuropa.
Flugzeit: VI–VII in einer Generation.
Raupe: Ähnlich der des Kleinen Heufalters (→ Seite 203), lebt auf Wollgras.
Eiablage einzeln an dürre Halme. Stürzpuppe in der Bodenvegetation.
Überwinterung: Als Raupe.
Beobachtungstip: Hat im Unterschied zum Kleinen Heufalter (→ Seite 128) auf der Hinterflügelunterseite immer deutlich schwarze Augenflecke.

Waldwiesenvögelchen

Coenonympha hero
Aussehen: Oberseite einfarbig braun. Unterseite beim Weibchen orangebraun, beim Männchen braun.
Vorkommen: Lokal auf Feuchtwiesen und in Auenwäldern, bis 1300 m, in Miteleuropa und Südskandinavien.
Flugzeit: V–VI in einer Generation.
Raupe: Ähnlich der des Kleinen Heufalters (→ Seite 203), lebt auf verschiedenen Gräsern.
Eiablage einzeln an dürre Halme. Stürzpuppe in der Bodenvegetation.
Überwinterung: Als Raupe.
Beobachtungstip: Im Unterschied zu ähnlichen Arten sind Vorder- und Hinterflügel auf der Unterseite gleichfarbig. Die weiße Binde ist schmal, alle Augenflecke in einer Reihe und orangefarben umrandet.

Perlgrasfalter

Braungerändertes Ochsenauge, Männchen

Beim Kleinen Ochsenauge (*Hymponephele lycaon*) ist das Männchen oberseits fast einfarbig braun, das Weibchen auf den Vorderflügeln orangebraun mit zwei dunklen Augenflecken. Die Falter leben an warmen, sandigen und blumenreichen Stellen in Süd- und Osteuropa und fliegen im Juli/August in einer Generation.

Kleines Ochsenauge

Perlgrasfalter

Coenonympha arcania

Aussehen: Vorderflügel oberseits orangefarben mit breitem braunem Rand, Hinterflügel braun.
Vorkommen: In lichten Misch- und Auenwäldern bis 1000 m, fehlt in Nordskandinavien und Großbritannien.
Flugzeit: VI–VII in einer Generation.
Raupe: Sehr ähnlich der des Kleinen Heufalters (→ Seite 203), lebt auf Gräsern.
Eiablage einzeln an dürre Grashalme. Stürzpuppe in der Bodenvegetation.
Überwinterung: Als Raupe.
Beobachtungstip: Ein Augenpunkt ist deutlich innerhalb der weißen Binde abgesetzt.

Braungerändertes Ochsenauge

Pyronia tithonus

Aussehen: Unverwechselbar, Weibchen ohne große braune Duftschuppenflecken auf den Vorderflügeln.
Vorkommen: An blumenreichen, warmen Stellen, lokal in ganz Mittel- und Südeuropa, außer im nördlichen Alpenvorraum. Fehlt in Skandinavien.
Flugzeit: VI–VIII in einer Generation.
Raupe: Ähnlich der des Schachbretts (→ Seite 207), lebt auf verschiedenen Gräsern.
Eiablage einzeln an dürre Grashalme. Stürzpuppe in der Bodenvegetation.
Überwinterung: Als Raupe.
Beobachtungstip: Das Braungeränderte Ochsenauge hat an der Flügelspitze einen doppelten Augenfleck.

Gelbwürfel-Dickkopf

Rostfarbiger Dickkopf, Weibchen

Orangefarbiger Braundickkopf

Rostfarbiger Dickkopf, Männchen

Dickkopffalter sind kleine, Unechte Tagfalter mit großem, dickem Kopf (Name!) und kräftigem Körper. Die Vorderflügel sind meist dreieckig, die Hinterflügel gerundet. Die Fühler sind am Ende kolbenartig verdickt.
Auf den Vorderflügeln der Männchen liegt bei einigen Gattungen eine mit Duftschuppen ausgekleidete, schwarze Querfurche, der „Kommastrich" oder das „Stigma". Die Falter sind meist schwärzlich oder braungelb gefärbt und tragen schwarze oder weiße Würfelflecken auf den Flügeloberseiten.

Gelbwürfel-Dickkopf

Carterocephalus palaemon
Aussehen: Unverwechselbar, hell-dunkel gefärbter Würfelfleckfalter. Weibchen etwas heller.
Vorkommen: Meist feuchte Waldwiesen und Waldränder, bis 1500 m, fehlt nur im äußersten Süden Europas.
Flugzeit: V–VII in einer Generation.
Raupe: Sehr ähnlich der des Kleinen Heufalters (→ Seite 203), grasgrün mit dunklen und hellen Längslinien, lebt in röhrenförmigen Gespinsten auf verschiedenen Gräsern.
Eiablage einzeln an Gräsern. Gürtelpuppe in der Bodenvegetation.
Überwinterung: Als Raupe.
Beobachtungstip: Die Ausdehnung der Dunkelzeichnung ist sehr variabel.

Rostfarbiger Dickkopf

Ochlodes venatus
Aussehen: Männchen mit kräftiger schwarzer Duftschuppenfurche auf den Vorderflügeln.
Vorkommen: Auf meist feuchten, blumenreichen Wiesen, bis 2000 m, ganz Europa.
Flugzeit: V–X in zwei Generationen.
Raupe: Grün, mit braunem Kopf. Lebt auf verschiedenen Gräsern.
Eiablage einzeln an Gräser. Verpuppung in zusammengesponnenen Grashalmen.
Überwinterung: Als Raupe.
Beobachtungstip: Der Rostfarbige Dickkopf trägt auf der Flügelunterseite gelbe Flecken.
Ähnelt dem **Kommafalter** *(Hesperia comma)*, der aber auch auf der Oberseite der Vorderflügel gelbe Flecken trägt.

Mittlerer Weinschwärmer (M 2 : 1)

Orangefarbener Braundickkopf
Thymelicus sylvestris
Aussehen: Männchen mit dünnen, schwarzem Duftschuppenfleck auf den Vorderflügeln. Flügel dunkel gerandet und hell gefranst.
Vorkommen: An blumenreichen, meist feuchten Stellen, bis 2000 m, ganz Europa.
Flugzeit: VI–VIII in einer Generation.
Raupe: Ähnlich der des Kleinen Heufalters (→ Seite 203), lebt auf Gräsern. Eiablage in Gruppen in die Blattscheiden von Gräsern. Verpuppung in einem losen Gespinst am Boden.
Überwinterung: Als Raupe.
Beobachtungstip: Einer der häufigsten Dickkopffalter. Fliegt niedrig über demBoden.

Mittlerer Weinschwärmer
Deilephila elpenor
Aussehen: Unverwechselbar. Vorderflügel mit roten Querstreifen und weiß gesäumtem Innenrand.
Vorkommen: Überall häufig in ganz Europa, vor allem in der Nähe von Gewässern und in Auenwäldern.
Flugzeit: V–VIII in einer Generation.
Raupe: (→ Seite 203), in zwei Grundfarben, grün oder dunkelbraun, an der Seite des 4. Segments mit großem, schwarzem Augenfleck. Lebt auf Weidenröschen, Labkraut, Weinrebe, in Gärten oft auf Fuchsien. Verpuppung in losem Gespinst am Boden.
Überwinterung: Als Puppe.
Beobachtungstip: Hinterflügel in Ruhestellung vollständig verdeckt.

Kennfarbe Braun

Braune Falter

Die Gruppe der braunen Schmetterlinge ist sehr artenreich. Sie umfaßt vor allem Vertreter aus der Familie der Augenfalter. Zu dieser zählen allein über 30 Arten von Mohrenfaltern. Die Auswahl beschränkt sich darum auf die markantesten und verbreitetsten Arten dieser Gattung.
Bei den Bläulingen sind die Weibchen ebenfalls meist braun, es werden hier jedoch vor allem die Bläulingsarten abgebildet und beschrieben, bei denen beide Geschlechter braun sind. Hierzu zählen zum Beispiel die meisten Zipfelfalter.
Auch viele Nachtfalter sind braun, vielfach aber nur auf den Vorderflügeln, weshalb sie größtenteils in der Farbgruppe der unterschiedlich gefärbten Falter erscheinen. Dies trifft auch auf jene Tiere zu, die eher grau statt braun sind.

Mehrere Kleine Eisvögel *(Limenitis camilla)* nehmen an einer feuchten Wegstelle Salze auf.

Erdbeerbaumfalter

Erdbeerbaumfalter
Charaxes jasius
Aussehen: Unverwechselbar, sehr groß und auffallend. Mit breitem Flügelrand und hellen Flecken auf dunklem Grund. Hinterflügel mit zwei Schwänzen.
Vorkommen: Im ganzen Mitteleuropa außer an der italienischen Adriaküste, an Standorten der Raupenfutterpflanze, dem Erdbeerbaum. Dieser wächst meist in eher hügeligem und steinigem Gelände.
Flugzeit: V–X in zwei Generationen.
Raupe: Grün mit hellen Punkten; lebt ausschließlich auf dem Erdbeerbaum. Die Raupe spinnt sich auf einem Blatt ein seidenes Polster, auf das sie nach ihren Fraßgängen immer wieder zurückkehrt und das ihre ehemalige Anwesenheit verrät, auch wenn sie bereits einem Feind zum Opfer fiel. Eiablage einzeln auf die Blattoberseite. Stürzpuppe an der Futterpflanze.
Überwinterung: Als Raupe.
Beobachtungstip: Die Falter setzen sich nie auf Blüten, sondern gerne auf exponierte Äste des Erdbeerbaumes oder zur Nahrungsaufnahme auf faulende Früchte, Aas oder Exkremente. Die Falter zeigen ein ausgeprägtes Revierverhalten. Die Revierverteidigung richtet sich nicht nur gegen Artgenossen, sondern auch gegen andere Falter, ja selbst gegen den Beobachter.

Weißer Waldportier
Brintesia circe
Aussehen: Grundfärbung dunkelbraun, Flügeloberseite mit einer breiten weißen Binde, die auf den Vorderflügeln in ovale

Weißer Waldportier

Die Hinterflügel tragen bei den Waldportier-Arten auf der Unterseite eine Tarnfärbung, so daß die Falter, die meist mit hochgeklappten, geschlossenen Flügeln an Baumstämmen oder Mauern sitzen, gleichsam mit der Umgebung verschwimmen (Mimese).

Großer Waldportier (M 1,5 : 1)

weiße Flecken aufgegliedert ist.
Vorkommen: An trockenwarmen, felsigen und grasigen Stellen Mittel- und Südeuropas, nördlich der Alpen nur sehr lokal.
Flugzeit: VI–IX in einer Generation.
Raupe: Ähnlich der des Blauäugigen Waldportiers (→ Seite 203), lebt auf verschiedenen Gräsern. Eiablage einzeln ins Gras. Verpuppung in einem Gespinst am Boden.
Überwinterung: Als Raupe.
Beobachtungstip: Der Weiße Waldportier unterscheidet sich vom Großen und Kleinen Waldportier durch den hellen Spickel im Vorderteil der Hinterflügelunterseite.

Großer Waldportier

Hipparchia fagi
Aussehen: Flügeloberseite mit einer hell graubraunen Binde quer durch die Flügel.
Vorkommen: Mittel- und Südeuropa an trockenwarmen, felsigen Hängen, vor allem mit lockeren Kieferbeständen. Nördlich der Alpen nur sehr lokal und selten.
Flugzeit: VI–VIII in einer Generation.
Raupe: Ähnlich der des Blauäugigen Waldportiers (→ Seite 203), lebt auf verschiedenen Gräsern. Eiablage einzeln an dürre Grashalme. Bodenpuppe.
Überwinterung: Als Raupe.
Beobachtungstip: Die Querstreifen auf der Oberseite sind in der Regel etwas dunkler und weniger scharf abgegrenzt als beim Kleinen Waldportier. Sicher lassen sich die beiden Arten aber nur mittels einer Genitaluntersuchung unterscheiden.

Kleiner Waldportier

Südlicher Felsenfalter

Kleiner Waldportier, Unterseite

Felsenhexe

Kleiner Waldportier

Hipparchia alcyone
Aussehen: Binde oberseits etwas heller als beim Großen Waldportier.
Vorkommen: An trockenwarmen, meist sandigen Stellen und in lichten Föhrenwäldern Mittel- und Südeuropas. Nördlich der Alpen nur sehr lokal.
Flugzeit: VI–VIII in einer Generation.
Raupe: Ähnlich der des Blauäugigen Waldportiers (→ Seite 203), lebt auf verschiedenen Gräsern. Eiablage einzeln an dürre Halme. Bodenpuppe.
Überwinterung: Als Raupe.
Beobachtungstip: Die helle Binde auf der Oberseite ist etwas deutlicher abgegrenzt als beim Großen Waldportier.

Südlicher Felsenfalter

Pseudotergumia fidia
Aussehen: Unverwechselbar, Oberseite braun mit zwei Augenflecken auf den Vorderflügeln.
Vorkommen: Im westlichen Mittelmeerraum an felsigen, trockenwarmen Stellen, bis 2000 m.
Flugzeit: VII–VIII in einer Generation.
Raupe: Ähnlich der des Blauäugigen Waldportiers (→ Seite 203), lebt auf verschiedenen Gräsern. Eiablage einzeln an dürre Halme. Bodenpuppe.
Überwinterung: Als Raupe.
Beobachtungstip: Die Falter setzen sich gerne auf Felsen, auf denen sie perfekt getarnt sind.

Felsenhexe

Chazara briseis
Aussehen: Unverwechselbar, Oberseite braun mit weißer Querbinde.
Vorkommen: An trockenwarmen, felsigen Stellen

Blauäugiger Waldportier, Paarung

Blauschillernder Waldportier, Weibchen

Zum Balzspiel vieler Falter gehört das gegenseitige „Beschnuppern" Fühler zu Fühler. Dies geschieht selbst bei Weibchen, die sich schon oder noch in Kopulation befinden wie im Bild oben beim Blauäugigen Waldportier.

Blauschillernder Waldportier, in der Mitte ein Weibchen

Süd- und Mitteleuropas.
Flugzeit: VII–VIII in einer Generation.
Raupe: Ähnlich der des Blauäugigen Waldportiers (→ Seite 203), lebt auf verschiedenen Gräsern. Eiablage einzeln an dürre Halme. Bodenpuppe.
Überwinterung: Als Raupe.
Beobachtungstip: Die Felsenhexe ist in der Grundfärbung wesentlich heller als die vorigen Arten.

Blauäugiger Waldportier
Minois dryas
Aussehen: Die blauen Augenflecke sind beim Weibchen deutlich größer als beim Männchen.
Vorkommen: Auf Feuchtwiesen, an trockenwarmenen Hängen und in lichten Wäldern bis 1500 m, in ganz Mitteleuropa. Fehlt im Norden und ganz im Süden Europas.
Flugzeit: VII–IX in einer Generation.
Raupe: (→ Seite 203), lebt auf verschiedenen Gräsern. Eiablage einzeln ins Gras. Bodenpuppe.
Überwinterung: Als Raupe.
Beobachtungstip: Unterseite der Hinterflügel fast einfarbig braun.

Blauschillernder Waldportier
Satyrus ferula
Aussehen: Männchen mit weißgekernten Augenflecken.
Vorkommen: An trockenwarmen Stellen bis 1800 m, Süd- und Südosteuropa.
Flugzeit: VII–VIII.
Raupe: Ähnlich der des Blauäugigen Waldportiers (→ Seite 203), lebt auf verschiedenen Gräsern. Eiablage einzeln an dürre Halme. Bodenpuppe.
Überwinterung: Als Raupe.
Beobachtungstip: Männchen schillern oft blau.

Eisenfarbiger Samtfalter

Rotbindiger Samtfalter

Rostbinde

Alle drei Falter dieser Seite gehören zur großen Familie der Augenfalter. Die Unterseite der Hinterflügel ist tarnfarben gezeichnet. Da die Falter stets mit geschlossenen Flügeln sitzen, sind sie in ihrer Umgebung kaum auszumachen.

Eisenfarbiger Samtfalter

Hipparchia statilinus
Aussehen: Oberseite braun mit zwei schwarzen Augenflecken auf den Vorderflügeln.
Vorkommen: An warmen, steinigen Hängen und in lichten Wäldern Süd- und Mitteleuropas.
Flugzeit: VII–IX in einer Generation.
Raupe: Ähnlich der des Blauäugigen Waldportiers (→ Seite 203), lebt auf verschiedenen Gräsern. Eiablage einzeln an dürre Halme. Bodenpuppe.
Überwinterung: Als Raupe.
Beobachtungstip: Der Eisenfarbige Samtfalter hat auf der Vorderflügelunterseite zwei meist ungekernte, gelb umrandete Augenflecke.

Rostbinde

Hipparchia semele
Aussehen: Oberseite ähnlich der des Rotbindigen Samtfalters.
Vorkommen: An sandigen, warmen Stellen, fast ganz Europa außer Nordskandinavien und Großbritannien.
Flugzeit: VI–IX in einer Generation.
Raupe: Ähnlich der des Blauäugigen Waldportiers (→ Seite 203), lebt auf verschiedenen Gräsern. Eiablage einzeln an dürre Gräser. Bodenpuppe.
Überwinterung: Als Raupe.
Beobachtungstip: Die Rostbinde hat im Gegensatz zum Rotbindigen Samtfalter auf den Vorderflügeln je zwei gleichgroße Augenflecke.
Die Falter setzen sich gerne mit geschlossenen Flügeln auf die bloße Erde oder auf Steine, wo sie perfekt getarnt sind.

Großer Eisvogel (rechts Weibchen)

Rotbindiger Samtfalter

Arethusana arethusa

Aussehen: Männchen mit weniger ausgedehnter Orangezeichnung auf der Flügeloberseite.
Vorkommen: An trocken-warmen, steinigen, aber blumenreichen Stellen, lokal in Mittel- und Südeuropa.
Flugzeit: VII–IX in einer Generation.
Raupe: Ähnlich der des Blauäugigen Waldportiers (→ Seite 203), lebt auf verschiedenen Gräsern. Eiablage einzeln an dürre Halme. Bodenpuppe.
Überwinterung: Als Raupe.
Beobachtungstip: Unterseite ähnlich wie Rostbinde, jedoch ohne schwarze Zickzackzeichnung.

Großer Eisvogel

Limenitis populi

Aussehen: Das Männchen trägt eine schmalere, manchmal fast ganz reduzierte weiße Flügelbinde. Die Falter im südlichen Teil des Verbreitungsgebietes haben oft einen Blauschiller, bei nördlichen Tieren sind die orangefarbenen Randflecke etwas stärker ausgebildet.
Vorkommen: Lokal in Auenwäldern des Tieflandes und in Mischwäldern mit Espen, bis 1500 m. Fehlt im äußersten Süden und Norden Europas.
Flugzeit: VI–VII in einer Generation.
Raupe: (→ Seite 220), lebt ausschließlich auf Espe. Eiablage einzeln, meist auf Blattspitze. Stürzpuppe an einem zusammengesponnenen Blatt am Baum.
Überwinterung: Als Raupe.
Beobachtungstip: Die Falter trinken an feuchten Wegstellen, auf Exkrementen oder Kadavern.

Blauschwarzer Eisvogel (links Männchen, rechts Weibchen)

Blauschwarzer Eisvogel

Limenitis reducta

Aussehen: Je nach Lichteinfall schwarzbraun- oder blauschillernd. Weibchen mit breiterer weißer Flügelbinde.
Vorkommen: In lichten Wäldern und auf Buschland an warmen Stellen, meist aber in der Nähe von Gewässern. Mittel- und Südeuropa, nördlich der Alpen nur sehr lokal an besonders milden Stellen.
Flugzeit: V–IX in zwei Generationen.
Raupe: (→ Seite 220), lebt auf Geißblatt.
Eiablage einzeln, meist auf Blattoberseite. Stürzpuppe an Futterpflanze.
Überwinterung: Als Raupe.
Beobachtungstip: Unterscheidet sich nebst dem Blauschiller vom Kleinen Eisvogel durch nur eine Fleckenreihe am Rand der Hinterflügelunterseite. Nördlich der Alpen macht der Blauschwarze Eisvogel nur eine partielle zweite Generation.
Zur Überwinterung baut sich die Raupe aus einem Blattstück ein tütenförmiges Winterhäuschen (Hibernarium).

Kleiner Eisvogel

Limenitis camilla

Aussehen: Ähnelt dem Blauschwarzen Eisvogel, Flügeloberseiten aber ohne jeglichen Blauschiller. Weibchen mit breiterer weißer Flügelbinde.
Vorkommen: Lichte Wälder und Buschland, Mitteleuropa, bis 1500 m. Fehlt im äußersten Süden und Norden Europas.
Flugzeit: VI–VIII in einer Generation.
Raupe: (→ Seite 220), lebt auf Geißblatt.
Eiablage einzeln, meist auf der Blattoberseite. Stürz-

Blauschwarzer Eisvogel, Unterseite

Trauerfalter, Männchen

Kleiner Eisvogel, Männchen

Trauerfalter, Unterseite

puppe an der Futterpflanze.
Überwinterung: Als Raupe.
Beobachtungstip: Der Kleine Eisvogel hat im Gegensatz zum Blauschwarzen Eisvogel eine doppelte Fleckenreihe auf der Hinterflügelunterseite.
Im Süden macht der Kleine Eisvogel eine partielle zweite Generation.
Zur Überwinterung baut sich die Raupe aus einem Blattstück ein tütenartiges Winterhaus (Hibernarium).

Trauerfalter
Neptis rivularis
Aussehen: Vorderflügel auffallend kurz, Hinterflügel überproportional groß. Männchen mit breiterer Flügelbinde als bei den Eisvogel-Arten.
Flugzeit: VI–VII in einer Generation.
Vorkommen: In Südosteuropa, vom Piemont an ostwärts in lichten Wäldern, meist in schluchtigen Tälern, bis 1500 m.
Raupe: (→ Seite 220), lebt auf Waldgeißbart.
Eiablage einzeln auf der Blattoberseite. Stürzpuppe an Steinen oder der Futterpflanze.
Überwinterung: Als Raupe.
Beobachtungstip: Unterscheidet sich von den Eisvogel-Arten durch einen sehr schnellen, mit wenigen Flügelschlägen ausgeführten Flug. Dem Trauermantel fehlt die blauweiße Flügelbasis auf der Unterseite der Hinterflügel.
Die Raupe baut sich aus einem Blattstück nicht nur ein Winter-, sondern auch ein Sommerhaus, in das sie sich während der Freßpausen im Sommer zurückzieht.

Trauermantel (M 1,5 : 1)

Trauermantel

Nymphalis antiopa

Aussehen: Unterseite grauschwarz mit hellem Rand. Flügeloberseite dunkelbraun mit breitem, hellgelbem Rand und hellbraunen Flecken. Nach der Überwinterung ist der gelbe Flügelrand oberseits fast weiß.

Vorkommen: In Auenwäldern und lichten Mischwäldern und auf Buschland wenig intensiv kultivierter Gegend, bis über 2000 m, ganz Europa.

In der Kulturlandschaft Mitteleuropas ist der Trauermantel sehr selten geworden.

Flugzeit: II–XI in einer Generation.

Raupe: (→ Seite 218), lebt gesellig auf Birke und verschiedenen Weiden, vorzugsweise Salweide.

Eiablage ringförmig, jeweils ungefähr 200 Stück, um bleistiftdicke Zweige meist freistehender Bäume. Stürzpuppe oft weit weg der Futterpflanze in Felsritzen oder in der Bodenvegetation.

Überwinterung: Als Falter.

Beobachtungstip: Der Trauermantel lebt im Sommer recht verborgen, legt möglicherweise während der heißesten Zeit sogar eine Sommerpause ein, wie das viele überwinternde Falter tun.

Am auffallendsten sind die Fraßspuren der Raupen. Die meist freistehenden Bäume sind durch den Kahlfraß in der Wipfelregion (bei Birken) oder durch die Skelettierung des gesamten Blattwerkes (bei Salweiden) schon von weitem als Trauermantelfraßplätze zu erkennen.

Admiral

Admiral, Unterseite

Der Admiral gehört wie Distelfalter, Tagpfauenauge , Großer und Kleiner Fuchs zu den Zackenfaltern, den schönsten und wohl auch noch häufigsten Faltern Mitteleuropas.

Admiral

Vanessa atalanta

Aussehen: Grundfärbung dunkelbraun mit leuchtendrotem Band auf Vorder- und Hinterflügel und weißen Flecken in den Spitzen der Vorderflügel. Unterseite verschiedenfarbig marmoriert.
Vorkommen: Überall häufig in ganz Europa, besonders im Spätsommer.
Flugzeit: III–XI in mehreren Generationen.
Raupe: (→ Seite 219), lebt auf Brennesseln, meist in einem zusammengesponnenen Blatt.
Eiablage einzeln an der Blattunterseite der Futterpflanze. Stürzpuppe in Felsspalten oder in der Bodenvegetation.
Überwinterung: Als Falter.
Beobachtungstip: Der Admiral kann nördlich der Alpen nicht überwintern. Er wandert alljährlich im Frühling aus dem Mittelmeerraum nach Zentral- und Nordeuropa und macht dort eine bis zwei Folgegenerationen. Ein Teil dieser Falter wandert im Herbst zurück in den Süden, der Großteil der Admirale nördlich der Alpen erfriert jedoch. Der Admiral ist wohl der einzige heimische Tagfalter, der auch bei völlig verdecktem Himmel, ja selbst bei leichtem Regenfall, fliegt. Im Herbst trinken die Falter gerne an faulenden Früchten. Wandernde Tiere fliegen sehr rasch und zielgerichtet knapp über dem Boden. Kommen sie an ein Hindernis, so wird dieses nicht um-, sondern ganz knapp überflogen. Die Falter fliegen auf ihren Wanderzügen selbst gegen starken Gegenwind. Sie wandern nicht in Schwärmen, sondern als Einzeltiere.

Braunauge, Weibchen (M 1,5 : 1)

Braunauge, Unterseite

Gelbringfalter

Waldbrettspiel

Wie unschwer zu erkennen ist, gehören auch die Falter dieser Doppelseite zu den Augenfaltern, die sowohl auf der Flügeloberseite als auch auf der Flügelunterseite mehr oder weniger auffallende „Augen" tragen. Diese Augen (Ocellen) sollen mögliche Feinde erschrecken oder vom Körper des Falters ablenken.

Braunauge

Lasiommata maera

Aussehen: Grundfarbe braun, Flügelspitzen orangefarben aufgehellt, Vorderflügel mit schwarzem, weißgekerntem Fleck, Hinterflügel mit drei schwarzen, weißgekernten Punkten.

Vorkommen: Meist an warmen, steinigen, aber blumenreichen Hängen, bis 2000 m, in ganz Europa außer Großbritannien. Nördlich der Alpen ziemlich lokal.

Flugzeit: V–IX in zwei Generationen.

Raupe: Ähnlich der des Ochsenauges (→ Seite 207), lebt auf verschiedenen Gräsern.

Eiablage einzeln an dürre Halme. Stürzpuppe an Steinen oder in der Bodenvegetation.

Überwinterung: Als Raupe.

Beobachtungstip: Das orangefarbene Feld erstreckt sich beim Weibchen manchmal fast über den ganzen Vorderflügel, beim Männchen ist es zu einem schmalen Band reduziert oder beschränkt sich auf die Umrandung der Augenflecke.

Gelbringfalter

Lopinga achine

Aussehen: Oberseite dunkelbraun mit schwarzen, hell umrandeten Flecken.

Vorkommen: Lokal in lichten Wäldern Mitteleuropas und der Südalpen, bis 1000 m. Fehlt in Nord- und Südeuropa.

Flugzeit: VI–VII in einer Generation.

Raupe: Ähnlich der des Ochsenauges (→ Seite 207), lebt auf verschiedenen Gräsern. Eiablage einzeln im Flug. Stürzpuppe in der Bodenvegetation.

Überwinterung: Als Raupe.

Ochsenauge, Weibchen

Beobachtungstip: Die Falter nördlich der Alpen haben ein breiteres weißes Band auf der Flügelunterseite als die südlichen Tiere.

Waldbrettspiel

Pararge aegeria

Aussehen: Auf der Unterseite Hell- und Dunkelbrauntöne ineinanderfließend, mit hellen, dunkel umrandeten Augenflecken. Vorderflügel mit einem dunklen Augenfleck auf hellem Grund, Hinterflügel mit drei Augenflecken.
Vorkommen: In Wäldern, bis 1200 m, ganz Europa mit Ausnahme Nordskandinaviens.
Flugzeit: III–X in mehreren Generationen.
Raupe: (→ Seite 207), lebt auf verschiedenen Gräsern. Eiablage einzeln an Gräser. Stürzpuppe in der Bodenvegetation.
Überwinterung: Als Puppe.
Beobachtungstip: Die Fleckenfarbe der Falter variiert geografisch recht stark.

Ochsenauge

Maniola jurtina

Aussehen: Männchen oberseits einfarbig braun mit kleinem Augenfleck an der Flügelspitze, Weibchen mit rotbrauner Binde.
Vorkommen: Überall sehr häufig, ganz Europa, bis 1500 m. Fehlt nur in Nordskandinavien.
Flugzeit: VI–VIII in einer Generation.
Raupe: (→ Seite 207), lebt auf verschiedenen Gräsern. Eiablage einzeln an dürre Halme. Stürzpuppe in der Bodenvegetation.
Überwinterung: Als Raupe.
Beobachtungstip: Die Männchen erscheinen wesentlich früher als die ersten Weibchen.

Rotbraunes Wiesenvögelchen

Gletscherfalter, Männchen

Sowohl Gletscherfalter als auch Waldbrettspiel zeigen ein ausgeprägtes Revierverhalten: Der Gletscherfalter verteidigt sein Territorium gegen Artgenossen meist von einem exponierten Felsen aus. Der Stammplatz des Waldbrettspiels ist meistens ein hervorragender, stark besonnter Ast, in dessen Umgebung der Falter keinen Rivalen duldet.

Gletscherfalter, Unterseite

Rotbraunes Wiesenvögelchen

Coenonympha glycerion

Aussehen: Männchen oberseits einfarbig braun, Weibchen orangebraun.
Flugzeit: VI–VII in einer Generation.
Vorkommen: Auf Feuchtwiesen und Trockenrasen Mittel- und Nord-Osteuropas, bis 1500 m.
Raupe: Ähnlich der des Kleinen Heufalters (→ Seite 203), lebt auf verschiedenen Gräsern.
Eiablage einzeln an dürre Halme. Stürzpuppe in der Bodenvegetation.
Überwinterung: Als Raupe.
Beobachtungstip: Unterseite der Vorder- und Hinterflügel unterschiedlich gefärbt, die kleinen Augenflecke sind nicht orangefarben umrandet.

Gletscherfalter

Oeneis glacialis

Aussehen: Hellbrauner Falter mit helleren Binden und dunklen Augenflecken., Weibchen mit größeren Augenflecken.
Vorkommen: In den Alpen von 1200 bis über 3000 m, auf kurzrasigen Almwiesen, gerne an windgeschützten Stellen, auch zwischen Legföhrenbeständen.
Flugzeit: VI–VII in einer Generation.
Raupe: Ähnlich der des Blauäugigen Waldportiers (→ Seite 203), lebt auf Gräsern.

Schornsteinfeger

Eiablage einzeln an dürre Halme. Bodenpuppe.
Überwinterung: Als Raupe.
Beobachtungstip: Die Raupe hat eine zweijährige Entwicklung, darum fliegt der Falter nicht jedes Jahr gleich häufig. Gebietsweise findet man ihn fast nur in den geraden, andernorts in den ungeraden Jahren.
Der Gletscherfalter ist sehr scheu, fliegt aber nie weit und setzt sich mit Vorliebe direkt auf den Boden, auf dem er gut getarnt ist.

Schornsteinfeger

Aphantopus hyperantus
Aussehen: Oberseite einfarbig braun. Weibchen etwas heller und mit größeren Augenflecken.
Vorkommen: Überall sehr häufig, vor allem auf Feuchtwiesen und auf Waldlichtungen, bis 1500 m, fast ganz Europa, fehlt nur im äußersten Norden und Süden Europas.
Flugzeit: VI–VII in einer Generation.
Raupe: Graubraun, kurzbehaart mit dunkler Kopfkapsel, lebt auf verschiedenen Gräsern.
Eiablage einzeln an dürre Halme. Bodenpuppe in losem Gespinst aus Gräsern.
Überwinterung: Als Raupe.
Beobachtungstip: Die Augenflecke auf der Unterseite sind manchmal stark reduziert und nur noch als kleine Punkte sichtbar. Manchmal zieht sich entlang des Außenrandes auf der Hinterflügelunterseite ein heller Streifen.
Die Falter setzen sich mit Vorliebe auf Doldenblüten und zeigen die Flügeloberseite recht selten, am ehesten noch bei leicht bewölktem Himmel.

Weißbindiger Mohrenfalter, Weibchen

Graubindiger Mohrenfalter, Weibchen

Weißbindiger Mohrenfalter, Unterseite

Graubindiger Mohrenfalter, Unterseite

Weißbindiger Mohrenfalter

Erebia ligea
Aussehen: Das Männchen ist etwas dunkler braun als das Weibchen, die Binde fast rot. Mit deutlich erkennbaren schwarz und weiß gefärbten Flügelfransen.
Vorkommen: Auf meist feuchten Waldwiesen Nord-, Mittel- und Südosteuropas.
Flugzeit: VI–VIII in einer Generation.
Raupe: Gelblichgrau mit braunem Rückenstreifen, kurzbehaart, mit großem Kopf, lebt auf verschiedenen Gräsern.
Eiablage einzeln an dürre Halme. Bodenpuppe.
Überwinterung: Als Raupe.
Beobachtungstip: Auffallende, weiße Zeichnung auf der Unterseite der Hinterflügel.

Graubindiger Mohrenfalter

Erebia aethiops
Aussehen: Männchen etwas dunkler braun als das Weibchen, mit roter Binde.
Vorkommen: Waldwiesen, Waldränder, bis 2000 m, östliches Mitteleuropa.
Flugzeit: VII–IX in einer Generation.
Raupe: Kurzbehaart, mit großem Kopf, lebt auf verschiedenen Gräsern. Eiablage einzeln an dürre Halme. Bodenpuppe.
Überwinterung: Als Raupe.
Beobachtungstip: Unterseite der Hinterflügel mit breiter dunkelbrauner Binde.

Gelbgefleckter Mohrenfalter

Erebia manto
Aussehen: Oberseite ähnlich der des Kleinen Mohrenfalter (→ Seite 151),

Gelbgefleckter Mohrenfalter

Graubrauner Mohrenfalter

Der Schillernde Mohrenfalter (*Erebia tyndarus*) glänzt bei Lichteinfall metallisch grün. Diese Art ist eine typische Hochgebirgsart, die auf kurzrasigen Bergwiesen ab 1800 m an windgeschützten Stellen in den Alpen vorkommt.
Der Falter hat sehr unterschiedlich stark entwickelte Schillerschuppen, die je nach Lichteinfallswinkel alle Regenbogenfarben hervorrufen können oder den Falter fast einfarbig braun erscheinen lassen.

Schillernder Mohrenfalter

Unterseite der Hinterflügel unregelmäßig gelb-, orange- oder weißgefleckt.
Vorkommen: Subalpine Wiesen von 1200 m bis zur Waldgrenze, in den Alpen, Vogesen, Pyrenäen und Karpaten.
Flugzeit: VII–VIII in einer Generation.
Raupe: Kurz behaart, mit großem Kopf, lebt auf verschiedenen Gräsern.
Eiablage einzeln an dürre Halme. Bodenpuppe.
Überwinterung: Als Raupe.
Beobachtungstip: Die Orangezeichnung der Oberseite kann fast vollständig fehlen, die Fleckenzeichnung der Unterseite ist sehr variabel.

Graubrauner Mohrenfalter

Erebia pandrose
Aussehen: Oberseite braun mit orangefarbenen Flecken und schwarzen Augenflecken. Beim Weibchen ist die Orangefärbung auf den Vorderflügeln stark reduziert.
Vorkommen: Auf kurzrasigen Alpenwiesen von 1600 bis über 3000 m, in den Alpen, Nordskandinavien und den Gebirgen Osteuropas.
Flugzeit: VI–VII in einer Generation.
Raupe: Ähnlich der des Schachbretts (→ Seite 207), lebt auf verschiedenen Gräsern.
Eiablage einzeln an dürre Grashalme. Bodenpuppe.
Überwinterung: Zweimal als Raupe.
Beobachtungstip: Im Gegensatz zum Schillernden Mohrenfalter ohne jegliche Schillerfärbung.
Die Art ist jedoch sehr veränderlich.

Ungebänderter Mohrenfalter

Ungebänderter Mohrenfalter

Erebia meolans

Aussehen: Flügelunterseite der Hinterflügel fast einfarbig schwarz, mit kleinen Augenflecken am Rand. Männchen mit roter, Weibchen mit orangefarbener Zeichnung, meist etwas ausgedehnter als beim Männchen.
Vorkommen: Grasige Hänge in bergigen Gegenden, bis zur Baumgrenze, in Mittel- und Südeuropa.
Flugzeit: VI–VII in einer Generation.
Raupe: Ähnlich der des Schachbretts (→ Seite 207), lebt auf verschiedenen Gräsern.
Eiablage einzeln an dürre Halme. Bodenpuppe.
Überwinterung: Als Raupe.
Beobachtungstip: Die Falter sind in der Färbung sehr variabel.
Im Gegensatz zum Weiß- und Graubindigen Mohrenfalter zeigt der Ungebänderte Mohrenfalter auf der Hinterflügelunterseite höchstens andeutungsweise ein Streifenmuster.

Rundaugen-Mohrenfalter

Erebia medusa

Aussehen: Weibchen auf den Vorderflügeln mit länglichen, ockergelben, Männchen mit orangefarbenen Augenflecken.
Vorkommen: Auf meist feuchten Waldwiesen und auf Buschland, bis 1500 m, in Mittel- und Südosteuropa.
Flugzeit: V–VI in einer Generation.
Raupe: Ähnlich der des Schachbretts (→ Seite 207), lebt auf verschiedenen Gräsern.
Eiablage einzeln an dürre

Rundaugen-Mohrenfalter (oben Weibchen)

Kleiner Mohrenfalter, Männchen

**Mohrenfalter sind dunkel gefärbte Falter mit mehr oder weniger vielen Randaugen, die meist in einer rötlichen Binde liegen. Die Männchen tragen in der Regel mehr Augen und sind etwas farbiger.
Die Bestimmung der etwa 22 Arten ist nicht ganz einfach, da die Falter nicht nur geografisch von Ost nach West sondern auch noch in den Höhenlagen variieren. Das Haupverbreitungsgebiet der Mohrenfalter liegt in den Alpen.**

Unpunktierter Mohrenfalter, Weibchen

Halme. Bodenpuppe.
Überwinterung: Als Raupe.
Beobachtungstip: Flügeloberseite dunkelbraun mit orangegerandeten, schwarzen, weißgekernten Augenflecken.

Kleiner Mohrenfalter
Erebia melampus
Aussehen: Auffallend klein, Oberseite mit länglichen, roten, schwarzpunktierten Augenflecken.
Vorkommen: Auf hochalpinen Grasmatten der Alpen, von 1500 m bis 3000 m.
Flugzeit: VII–VIII in einer Generation.
Raupe: Ähnlich der des Ochsenauges (→ Seite 207), lebt auf verschiedenen Gräsern.
Eiablage einzeln an dürre Halme. Bodenpuppe.
Überwinterung: Als Raupe.
Beobachtungstip: Das Weibchen ist in der Grundfärbung etwas heller und unterseits häufig gelblich übergossen.

Unpunktierter Mohrenfalter
Erebia pharte
Aussehen: Beim Männchen ist die orangefarbene Binde manchmal zu kleinen Flecken reduziert.
Vorkommen: Feuchte Bergwiesen von 1200 m bis 2500 m, in den Alpen, Vogesen und der Hohen Tatra.
Flugzeit: VII–IX in einer Generation.
Raupe: Ähnlich der des Kleinen Heufalters (→ Seite 203), lebt auf verschiedenen Gräsern.
Eiablage einzeln an dürre Halme. Bodenpuppe.
Überwinterung: Als Raupe.
Beobachtungstip: Sehr ähnlich dem Kleinen Mohrenfalter, die roten oder orangefarbenen Augenflecken sind aber punktlos und zu einer Binde verflossen.

Blauer Eichenzipfelfalter, Weibchen (M 1,5 :1)

Blauer Eichenzipfelfalter

Brauner Eichenzipfelfalter

Eschenzipfelfalter

Die Zipfelfalter gehören zur Familie der Bläulinge. Ihre Oberseite ist meist braun bis schwarz. Die Falter sitzen jedoch meist mit zusammengeklappten Flügeln. Die Hinterflügel tragen einen kurzen Zipfel (Name!) und schmale weiße, durchlaufende oder unterbrochene Binden.
Die Eier werden meist einzeln, seltener grüppchenweise in Astgabeln oder an Knospenansätze der Futterpflanze abgelegt. Die Raupen überwintern in der Eihülle und schlüpfen erst im Frühjahr aus.

Blauer Eichenzipfelfalter

Quercusia quercus
Aussehen: Männchen mit blauen Flecken.
Vorkommen: In Eichenwäldern, ganz Europa außer Nordskandinavien.
Flugzeit: VI–VIII in einer Generation.
Raupe: Ähnelt der des Langgeschwänzten Bläulings (→ Seite 209), lebt auf Eiche. Bodenpuppe im Laub.
Überwinterung: Als Raupe im Ei.
Beobachtungstip: Auf der Unterseite der Flügel verläuft eine schmale, weiße, leicht gezackte Linie.

Brauner Eichenzipfelfalter

Nordmannia ilicis
Aussehen: Unterseite der Hinterflügel mit kleinen roten, schwarzumrandeten Punkten.
Vorkommen: In Eichenwäldern meist milder Lagen, ganz Mittel- und Südeuropa.
Flugzeit: VI–VII in einer Generation.
Raupe: Ähnelt der des Brombeerzipfelfalters (→ Seite 209), lebt meist auf kleinen Eichen. Gürtelpuppe an Zweigen.
Überwinterung: Als Raupe im Ei.
Beobachtungstip: Unterscheidet sich vom Akazienzipfelfalter durch fast zickzackförmige weiße Linie auf den Hinterflügeln.

Eschenzipfelfalter

Laeosopis roboris
Aussehen: Unverwechselbar.
Vorkommen: In Südwesteuropa in lichten Wäldern und auf Buschland in der Nähe von Eschen.
Flugzeit: V–VI in einer Generation.
Raupe: Ähnelt der des Brombeerzipfelfalters (→ Seite 209), lebt auf Esche.

Ulmenzipfelfalter (M 1,5 :1)

Der Akazienzipfelfalter (*Nordmannia acaciae)* trägt weiße Linien auf der Hinterflügelseite und über und unter den orangefarbenen Flecken schwarze Striche. Er ist der häufigste Zipfelfalter in Südeuropa und trinkt vorzugsweise an Schafgarbe. Obwohl der Falter Akazienzipfelfalter heißt, kommt er vor allem an Brombeerbüschen vor und hat mit Akazien nichts zu tun.

Pflaumenzipfelfalter

Akazienzipfelfalter

Verpuppung am Boden.
Überwinterung: Als Raupe im Ei.
Beobachtungstip: Typisch sind die metallischen Schuppen am Flügelrand.

Ulmenzipfelfalter

Strymonidia w-album
Aussehen: Die weiße Linie auf der Unterseite der Hinterflügel bildet immer ein deutliches W.
Vorkommen: In lichten Misch- und Laubwäldern und buschigem Gelände, ganz Europa außer dem äußersten Norden und Süden.
Flugzeit: VI–VII in einer Generation.
Raupe: Ähnelt der des Brombeerzipfelfalters (→ Seite 209), lebt auf Ulme und Kreuzdorn. Gürtelpuppe an Ästen oder in der Bodenvegetation.
Überwinterung: Als Raupe im Ei.
Beobachtungstip: Typisch das weiße W auf der Unterseite der Hinterflügel.

Pflaumenzipfelfalter

Strymonidia pruni
Aussehen: Orangefarbene Randbinde auf den Hinterflügeln.
Vorkommen: Lokal in lichten Misch- und Auenwäldern milder Lagen, Mittel- und Südosteuropa.
Flugzeit: VI–VII in einer Generation.
Raupe: Ähnelt der des Brombeerzipfelfalters (→ Seite 209), lebt auf Schwarzdorn. Gürtelpuppe an Blättern und Zweigen der Futterpflanze.
Überwinterung: Als Raupe im Ei.
Beobachtungstip: Die orangefarbene Randbinde kann sich bis in die Vorderflügel hinein ziehen.

Zwergbläulinge und Scheckenfalter (rechts oben)

Zwergbläuling

Cupido minimus

Aussehen: Kleinster Bläuling. Männchen oberseits leicht blau übergossen.
Vorkommen: An blumenreichen Stellen vom Tiefland bis 3000 m, in ganz Europa.
Flugzeit: IV–IX in mehreren Generationen.
Raupe: Beige, asselförmig, lebt auf Wundklee und Tragantarten.
Eiablage einzeln in die Blütenköpfe. Gürtelpuppe in der Bodenvegetation.
Überwinterung: Als Raupe.
Beobachtungstip: Die Falter trinken gerne an feuchten Plätzen.

Brauner Alpenbläuling

Aricia artaxerxes

Aussehen: Die Weibchen besitzt im Gegensatz zum Männchen meistens auch auf den Vorderflügeln orangefarbene Randflecke.
Vorkommen: Im Gebirge bis 2500 m, ganz Europa.
Flugzeit: VI–VIII.
Raupe: Ähnlich der des Steinklee-Bläulings (→ Seite 209), lebt auf Sonnenröschen und Storchschnabel. Eiablage einzeln an der Blattunterseite. Gürtelpuppe in Bodennähe.
Überwinterung: Als Raupe.
Beobachtungstip: Die orangefarbenen Randflecke sind in der Größe sehr variabel.

Storchschnabelbläuling

Eumedonia eumedon

Aussehen: Männchen oberseits einfarbig braun, Weibchen nur am Hinterflügelende mit kleinen orangefarbenen Randflecken.
Vorkommen: Auf Feucht- und Waldwiesen mit Storchschnabel, bis 2500 m, ganz Europa außer dem Nordwesten.

Brauner Alpenbläuling

Storchschnabelbläuling, Weibchen

Dunkelbrauner Bläuling

Zahnflügelbläuling, Weibchen

Bei den Bläulingen sind in der Regel die Flügeloberseiten der Männchen blau, die der Weibchen braun bis schwarz gefärbt. Auf den graugefärbten Flügelunterseiten liegen schwarze, weißumrandete, kleine Flecken, am Außenrand der Hinterflügel rote, schwarzumrandete Flecken.
Vielfach sammeln sich die Falter in Scharen an feuchten Wegstellen. Sie bilden auch Schlafgesellschaften.

Flugzeit: VI–VII.
Raupe: Ähnlich der des Steinklee-Bläulings (→ Seite 209), lebt auf Sumpf- und Waldstorchschnabel. Eiablage grüppchenweise an den Blütengriffel. Gürtelpuppe in Bodenvegetation.
Überwinterung: Als Raupe.
Beobachtungstip: Die Falter haben auf der Unterseite der Hinterflügel einen langen hellen Strich.

Dunkelbrauner Bläuling

Aricia agestis
Aussehen: Beim Männchen sind die orangen Randflecke etwas schwächer ausgebildet.
Vorkommen: An trockenwarmen, meist felsigen, aber blumenreichen Stellen, bis 1000 m, Mittel- und Südeuropa.
Flugzeit: IV–IX in mehreren Generationen.
Raupe: Ähnlich der des Steinklee-Bläulings (→ Seite 209), lebt auf Sonnenröschen und Storchschnabel.
Eiablage einzeln. Gürtelpuppe in Bodenvegetation.
Überwinterung: Als Raupe.
Beobachtungstip: Ohne Blau in den Flügeln.

Zahnflügelbläuling

Meleageria daphnis
Aussehen: Männchen blau.
Vorkommen: An trockenwarmen, meist buschigen Stellen, Süd- und Osteuropa.
Flugzeit: VI–VII.
Raupe: Ähnlich der des Brombeerzipfelfalters (→ Seite 209), lebt auf Kronenwicke und Tragantarten.
Eiablage einzeln an den Fruchtstände. Bodenpuppe.
Überwinterung: Als Ei.
Beobachtungstip: Selten sind auch die Weibchen an der Flügelbasis intensiv blau gestäubt.

Malvenfalter

Malven-Würfelfleckfalter

Roter Würfelfalter

Die Dickkopffalter werden auch Unechte Tagfalter genannt. Sie besitzen einen großen, breiten Kopf, einen dicken Körper und am Ende kolbig verdickte Fühler. Die Falter sind meist dunkel gefärbt und tragen weiße oder dunkle, würfelförmige Flecken.
Die Raupen haben einen großen, kugeligen Kopf, sind spindelförmig, nackt oder nur kurz behaart.

Malvenfalter

Carcharodus alceae
Aussehen: Oberseite dunkelbraun mit hellen Flecken, Unterseite hellbraun.
Vorkommen: Trockenwarme Stellen, bis 2000 m, Süd- und Mitteleuropa.
Flugzeit: II–IX in mehreren Generationen.
Raupe: (→ Seite 207), lebt auf Malvenarten.
Eiablage einzeln. Verpuppung in losem Gespinst.
Überwinterung: Als Raupe.
Beobachtungstip: Hinterflügel am Rand deutlich eingebuchtet.

Malven-Würfelfleckfalter

Pyrgus malvae
Aussehen: Weiß und braun gefleckt.
Vorkommen: Magerwiesen, Heiden, Feuchtwiesen, bis 2000 m, ganz Europa.
Flugzeit: VI–VIII in zwei Generationen.
Raupe: Ähnelt der des Malvenfalters (→ Seite 207), lebt auf Fingerkraut und Erdbeere.
Eiablage einzeln. Verpuppung in lockerem Gespinst.
Überwinterung: Als Raupe.
Beobachtungstip: Typisch braun- weiß gewürfelt.

Roter Würfelfalter

Spialia sertorius
Aussehen: Oberseite rotbraun und weiß gescheckt.
Vorkommen: An trockenwarmen Stellen, bis 2000 m, Süd- und Mitteleuropa.
Flugzeit: VI–VIII in zwei Generationen.
Raupe: Ähnelt in der Form Widderchenraupen (→ Seite 206), lebt auf Kleinem Wiesenknopf. Eiablage einzeln. Verpuppung in einem losen Gespinst.
Überwinterung: Als Raupe.
Beobachtungstip: Typische rotbraune Färbung.

Tagaktiver Nachtfalter

Scheck-Tageule

Braune Tageule

Gamma-Eule

Scheck-Tageule und Braune Tageule sind ausschließlich tagaktiv, die Gamma-Eule fliegt auch bei Dämmerung. Alle drei Falter sind eifrige Blütenbesucher.
Die Falter legen ihre Eier einzeln ab. Die Verpuppung erfolgt am Boden in einem lockeren Gespinst.
Die stark behaarten Eulenfalter bilden eine sehr artenreiche Familie. Sie unterscheiden sich von den Tagfaltern durch ihre fadenförmigen Fühler. Typisch für diese Familie ist die Zeichnung der Vorderflügel.

Scheck-Tageule

Callistege mi

Aussehen: Kontrastreich braun-weiß gezeichnet.
Vorkommen: Magerwiesen, Ödland, Heidegebiete, Waldwiesen, bis 1700 m, ganz Europa.
Flugzeit: V–IX in zwei Generationen.
Raupe: Spannerförmig, weiß und rotbraun gestreift, lebt auf Kleearten, Ampfer und Gräsern.
Überwinterung: Als Puppe.
Beobachtungstip: Ähnelt im Körperbau einem Dickkopffalter, besitzt jedoch fadenförmige Fühler.

Braune Tageule

Ectypa glyphica

Aussehen: Flügel braunbeige gezeichnet.
Vorkommen: Sonnige, warme Hänge, Magerwiesen, Waldlichtungen und Waldränder, bis 2000 m, ganz Europa.
Flugzeit: V–VIII in zwei Generationen.
Raupe: Spannerförmig, gelb und braun gestreift; lebt auf verschiedenen Kleearten.
Überwinterung: Als Puppe.
Beobachtungstip: Die Hinterflügel werden oft von den Vorderflügeln verdeckt.

Gamma-Eule

Autographa gamma

Aussehen: Grau- bis violettbraun gefärbt.
Vorkommen: Wiesen, Wälder und Gärten, bis ins Gebirge, ganz Europa. Wanderfalter.
Flugzeit: IV–X in mehreren Generationen.
Raupe: Grün mit weißem Seitenstreifen, lebt auf Brennesseln, Disteln, Kleearten.
Überwinterung: Als Raupe.
Beobachtungstip: Typisch die weiße y-förmige Zeichnung auf dem Vorderflügel.

Eichenspinner, Männchen

Birkenspinner, Männchen (Text → Seite 91)

Schlehenspinner, Männchen (Text → Seite 90)

Die auf dieser Seite abgebildeten drei Falter sind alles Männchen tagaktiver Nachtfalter aus der großen Gruppe der Spinner, zu denen die Familien der Zahnspinner, Prozessionsspinner, Trägspinner und Wollraupenspinner oder Glucken gehören.
Es handelt sich um kleine bis mittelgroße, stark behaarte Falter mit dickem Körper und kammartigen Fühlern, die ihre Flügel in Ruhehaltung mehr oder weniger steil dachförmig gestellt haben.

Eichenspinner
Lasiocampa quercus
Aussehen: Männchen dunkelbraun mit gelblicher Querlinie und zwei weißen Flecken auf den Vorderflügeln. Weibchen heller gefärbt (→ Seite 106).
Vorkommen: Eichen- und Mischwälder, Moore, Heiden, bis 2000 m, ganz Europa.
Flugzeit: Ende V–VII.
Raupe: (→ Seite 215), lebt an Laubholzarten.
Eiablage in kleinen Haufen auf den Zweigen der Futterpflanzen. Verpuppung in walzenartigem Kokon.
Überwinterung: Als Raupe.
Beobachtungstip: Die Männchen fliegen tagsüber.

Ringelspinner
Malacosoma neustria
Aussehen: Zwei helle Linien durch die Vorderflügel umschließen ein meist etwas dunkler braunes Mittelfeld.
Vorkommen: Auf Buschland, Magerwiesen, Heiden, Obstgärten, Waldränder, ganz Europa.
Flugzeit: VI–VIII.
Raupe: (→ Seite 214), lebt gesellig auf Eiche, Schwarzdorn, Obstbäumen und niederen Kräutern.
Eiablage ringförmig (Name) um Halme oder Äste. Verpuppung zwischen Blättern in einem Seidenkokon.
Überwinterung: Als Ei.
Beobachtungstip: Neigt manchmal zur Massenvermehrung.

Kamelspinner
Lophopteryx camelina
Aussehen: Fast einfarbig braun mit schwach dunkler Zeichnung. Von der Seite mit zwei deutlichen Höckern.
Vorkommen: Laub- und

Ringelspinner

Kamelspinner

Zickzackspinner

Kiefernspinner (M 1,5 : 1)

Ringelspinner und Kiefernspinner zählen zur Familie der Glucken, Kamelspinner und Zickzackspinner zu den Zahnspinnern. Die Falter sind aufgrund ihrer Färbung in ihrer Umgebung oft recht gut getarnt. Sie sind keine guten Flieger und halten sich auch oft in den Kronen hoher Laubbäume auf, so daß man sie recht selten sieht.

Mischwälder, Buschlandschaften, bis 1000 m, ganz Europa.
Flugzeit: IV–IX in zwei Generationen.
Raupe: (→ Seite 221), lebt auf verschiedenen Laubholzarten.
Eiablage in Haufen auf den Zweigen der Futterpflanze. Bodenpuppe.
Überwinterung: Als Ei.
Beobachtungstip: Die Falter sind manchmal fast ockerbraun.

Zickzackspinner

Notodonta ziczac
Aussehen: Die helle Zone am Vorderrand wird nach hinten durch einen dunklen, sichelförmigen Streifen scharf begrenzt.
Vorkommen: Auen- und Mischwälder, bis 2500 m, ganz Europa.
Flugzeit: IV–VIII in zwei Generationen.
Raupe: (→ Seite 221), lebt auf Pappeln und Weiden.
Eiablage in Häufchen an den Zweigen der Futterpflanze. Verpuppung in lockerem Gespinst am Boden.
Überwinterung: Als Puppe.
Beobachtungstip: Die Raupe nimmt in Ruhestellung eine Zickzackhaltung ein.

Kiefernspinner

Dendrolimus pini
Aussehen: Durch die Mitte der Vorderflügel zieht sich eine feine, dunkle Zickzacklinie.
Vorkommen: Kiefernwälder, bis 1500 m, in Mittel- und Südeuropa.
Flugzeit: VI–VIII in zwei Generationen.
Raupe: Ähnlich der der Trinkerin, lebt auf Kiefern.
Eiablage in Häufchen auf Kiefernzweigen.
Überwinterung: Als Raupe.
Beobachtungstip: In der Grundfärbung sehr variabel.

Hausmutter

Weidenbohrer (M 2 : 1)

Schwammspinner, (Text → Seite 92)

Fliederspanner (M 1,5 : 1)

Hausmutter

Noctua pronuba
Aussehen: Vorderflügel dunkelbraun bis beige. Hinterflügel gelb mit schwarzem Saumband.
Vorkommen: Auf Grasland, in Gärten, bis 3000 m, ganz Europa.
Flugzeit: V–VIII.
Raupe: Nackt, hellgrün bis dunkelbraun mit dunklen Längsstrichen; lebt an niederen Kräutern. Verpuppung in Erdhöhlen.
Überwinterung: Als Raupe.
Beobachtungstip: Die Falter halten sich tagsüber gerne in Hausfluren auf.

Weidenbohrer

Cossus cossus
Aussehen: Rindenartig grau-braun gefärbt.
Vorkommen: Überall in Gebieten mit alten Weidenbeständen.
Flugzeit: V–VIII.
Raupe: (→ Seite 203), lebt in Stämmen alter Weiden, seltener in Obstbäumen. Verpuppung am Ende des Fraßausgangs oder im Boden in einem Kokon.
Überwinterung: Als Raupe.
Beobachtungstip: In Ruhestellung überdecken die Vorderflügel die Hinterflügel vollständig.

Fliederspanner

Phalaena syringaria
Aussehen: Violettgrau und hellrosa gefärbt.
Vorkommen: Unterholzreiche Laub- und Mischwälder, inselartig in ganz Europa.
Flugzeit: VI–IX in zwei Generationen.
Raupe: (→ Seite 221), lebt auf Geißblatt, Flieder, Esche und Liguster. Stürzpuppe an Ästen.
Überwinterung: Als Raupe.
Beobachtungstip: Die braune Puppe hat eine verblüffende Ähnlichkeit mit einem dürren Blatt.

Roseneule

Weidenröschenspanner

Großer Frostspanner, Männchen

Die Spanner sind nach den Eulen die artenreichste Familie der Großschmetterlinge. Typisch für diese Familie ist, daß die Falter in der Mitte der Vorder- und Hinterflügel stets mehr oder weniger große, dunkle Punkte oder Flecken tragen.
Die Raupen sind nackt mit zum Teil rückgebildeten Bauchfüßen und bewegen sich „spannend" fort. In Ruhestellung wird der Körper von der Unterlage weggestreckt.
Man kennt allein in Mitteleuropa über 400 Arten.

Roseneule

Thyatira batis

Aussehen: Grau mit rosafarbenen Flecken.
Vorkommen: Mischwälder und Buschland, bis 1500 m, ganz Europa.
Flugzeit: V–IX in zwei Generationen.
Raupe: Täuscht in Aussehen und Verhalten Vogelkot vor; lebt auf Brom- und Himbeere in zusammengesponnenem Blatt. Bodenpuppe.
Überwinterung: Als Puppe.
Beobachtungstip: Die Falter fliegen oft schon in der Dämmerung.

Weidenröschenspanner

Ecliptoptera silaceata

Aussehen: Hellbraun mit dunkelbraunen, weißgerandeten Flecken.
Vorkommen: Auen- und Mischwälder, an Gewässerufern, ganz Europa.
Flugzeit: IV–VIII in zwei Generationen.
Raupe: Spannerraupe, lebt auf Weidenröschen und Springkraut. Bodenpuppe.
Überwinterung: Als Puppe.
Beobachtungstip: Mit auffallend weißer Zickzacklinie zum hinteren Flügelrand hin.

Großer Frostspanner

Erannis defoliaria

Aussehen: Männchen sehr variabel, mit dunklem Mittelfleck und welligen Querlinien auf den Vorderflügeln. Weibchen flügellos.
Vorkommen: An Waldrändern und auf Buschgelände, ganz Europa.
Flugzeit: X–XI.
Raupe: (→ Seite 203), lebt auf fast allen Laubgehölzen. Verpuppung am Boden in losem Gespinst.
Überwinterung: Als Ei.
Beobachtungstip: Vorderflügel mit hell-dunkel gescheckten Fransen.

Lindenschwärmer (M 2 : 1)

Lindenschwärmer

Mimas tiliae

Aussehen: Schmale Vorderflügel, Grundfarbe Braun bis Grün in allen Zwischentönen, rosafarben überhaucht, mit breitem, dunklem Band, Hinterränder scharf geschnitten, dünn rotbraun gerandet. Hinterflügel bräunlich, meist verdeckt.
Vorkommen: Mischwälder mit Linden, Parkanlagen, ganz Europa.
Flugzeit: V–VII in einer Generation.
Raupe: (→ Seite 202), lebt auf Linden. Verpuppung in einer Erdhöhle.
Überwinterung: Als Puppe.
Beobachtungstip: Lindenschwärmer sind sehr variabel in ihrer Färbung und Zeichnung, jedoch trotzdem unverwechselbar.

Pappelschwärmer

Amorpha populi

Aussehen: Graubraun, schmale Vorderflügel mit gezackten Hinterrändern.
Vorkommen: Auen- und Mischwälder, Flußufer, Buschland, ganz Europa.
Flugzeit: V–VIII in einer Generation.
Raupe: (→ Seite 202), lebt auf Weiden und Pappeln. Verpuppung in einer Erdhöhle.
Überwinterung: Als Puppe.
Beobachtungstip: Die Hinterflügel ragen teilweise vor die Vorderflügel.

Kupferglucke

Gastropacha quercifolia

Aussehen: Mit dunkler Zickzacklinie quer durch die Vorderflügel.
Vorkommen: In lichten Wäldern und auf Buschland, ganz Europa.
Flugzeit: V–VIII in zwei Generationen.
Raupe: (→ Seite 206), lebt auf verschiedenen Laubhöl-

Pappelschwärmer

Zimteule (M 1,5 : 1)

Kupferglucke

Trinkerin, Männchen

zern. Verpuppung in einem Kokon zwischen den Zweigen der Futterpflanze.
Überwinterung: Als Raupe.
Beobachtungstip: Größte Glucke, ähnelt in Ruhestellung Herbstlaub.

Zimteule, Zackeneule
Scoliopteryx libatrix
Aussehen: Zimtfarben mit einer weißen Zickzacklinie und zwei weißen Querlinien auf den Vorderflügeln.
Vorkommen: Laub- und Mischwälder, Buschland, bis 2000 m, ganz Europa.
Flugzeit: III–XI in zwei Generationen.
Raupe: Grün mit dunklem und gelbem Seitenstreifen, lebt an Weiden und Pappeln. Verpuppung in einem Kokon zwischen den Blättern der Futterpflanze.
Überwinterung: Als Falter.
Beobachtungstip: Der Flügelrand ist hinten stark gezackt (Name).

Trinkerin, Grasglucke
Philudoria potatoria
Aussehen: Weibchen ockergelb, Männchen braun, mit einem großen und einem kleinen weißen, dunkel umrandeten Fleck auf den Vorderflügeln sowie einer dunklen Schräglinie.
Vorkommen: Auenwälder, Flußufer, Feuchtwiesen, bis 1500 m, ganz Europa.
Flugzeit: VII–VIII in einer Generation.
Raupe: (→ Klappe hinten), lebt auf Gräsern, auch Schilf. Eiablage einzeln oder in kleinen Gruppen an Halme. Verpuppung am Boden in einem Kokon.
Überwinterung: Als Raupe.
Beobachtungstip: Die Raupe hat einen sehr hohen Wasserbedarf. Sie steigt morgens am Halm empor und trinkt Tautropfen (Name).

Kennfarbe Blau

Blaue Falter

Zu den Schmetterlingen mit überwiegend blauen Flügeln gehören vor allem die Bläulinge und die Schillerfalter.
Das Blau der Bläulinge variiert je nach Art von Blaßblaugrau bis zu Tiefviolett. Kaum die Hälfte der rund 100 Bläulingsarten sind jedoch blau und dann meist nur die Männchen. Bei den Weibchen dominiert das Braun in den Flügelfarben, sie sind unter der Kennfarbe Braun zu finden.
Außer den Bläulingen sind nur noch die Schillerfalter intensiv blau gefärbt.
Die Blaufärbung wird bei den Schillerfaltern und bei einigen Bläulingen nicht durch Farbpigmente, sondern durch sogenannte Strukturschuppen bewirkt, die das Licht nur in einem bestimmten Winkel blau reflektieren.

Der Schwarzgefleckte Bläuling *(Maculinea arion)* kommt überall in der gemäßigten Zone Europas und Asiens vor. Seine Jungraupen leben am Feldthymian. Die älteren Raupen leben in Ameisennestern und ernähren sich von deren Larven und Puppen. Die Ameisen dagegen nutzen die Ausscheidung aus den Hinterleibsdrüsen der Raupen.

Großer Schillerfalter, Männchen

Großer Schillerfalter

Apatura iris

Aussehen: Männchen groß, leuchtendblau, Weibchen braun.
Vorkommen: In lichten Mischwäldern bis 1400 m. Fehlt im nördlichen Skandinavien, im Norden Großbritanniens und in weiten Teilen Südeuropas.
Flugzeit: Ende VI–Mitte VIII in einer Generation.
Raupe: (→ Klappe hinten), lebt auf verschiedenen Weidenarten, vorzugsweise auf Salweide.
Eiablage einzeln auf der Blattoberseite. Stürzpuppe an der Futterpflanze.
Überwinterung: Als Raupe am Zweig oder Stamm der Futterpflanze angeschmiegt.
Beobachtungstip: Die Männchen trinken bis zur Tagesmitte gerne an feuchten Wegstellen und an stark stinkenden Stoffen wie Exkrementen und Kadavern.

Kleiner Schillerfalter

Apatura ilia

Aussehen: Männchen blau- oder violettschillernd, Weibchen braun.
Vorkommen: In lichten Laubmischwäldern, vor allem Auwäldern, vorzugsweise in milden Lagen; nur bis ungefähr 600 m. Fehlt in Norddeutschland, Skandinavien und Großbritannien und im äußersten Süden Europas; südlich der Alpen (hier nur die violette Form) häufiger als nördlich.
Flugzeit: Nördlich der Alpen VI–VII in einer Generation, südlich in zwei Generationen V–IX.
Raupe: Ähnlich der des Großen Schillerfalters, lebt ausschließlich auf Zitterpappeln an sonnigen Standorten. Die Eier werden einzeln

Kleiner Schillerfalter, Männchen

Kleiner Schillerfalter, Unterseite (M 1,5 : 1)

Donau-Schillerfalter, Männchen

Bei den Schillerfaltern besteht ein ausgeprägter Geschlechtsunterschied, denn den Weibchen fehlen die Strukturschuppen, die die schillernde Blau- oder Violettfärbung bewirken. Die Vorderbeine sind, besonders bei den Männchen, stark rückgebildet und zu „Putzpfoten" umgewandelt.

auf die Blattoberseite der Futterpflanze abgelegt. Stürzpuppe.
Überwinterung: Als Raupe, angeschmiegt an Stamm oder Ast der Futterpflanze.
Beobachtungstip: Die blaue Form unterscheidet sich vom Großen Schillerfalter durch die geringe Größe, einem Auge auf den Vorderflügeln und das Fehlen des Zacken in der weißen Binde der Hinterflügel. Die Männchen trinken morgens gerne an übelriechenden Stoffen, die Weibchen halten sich in den Baumkronen auf.

Donauschillerfalter

Apatura metis
Aussehen: Männchen violettschillernd, Weibchen braun.
Vorkommen: In Südosteuropa, von der Drau an ostwärts in den Auwäldern entlang der großen Flüsse.
Flugzeit: V–IX in zwei Generationen.
Raupe: Ähnlich der des Großen Schillerfalters, lebt vorzugsweise auf schmalblättrigen Weiden. Die Eier werden häufchenweise auf die Blattoberfläche der Futterpflanze geklebt. Stürzpuppe an der Futterpflanze.
Überwinterung: Als Raupe in den Rindenritzen.
Beobachtungstip: Unterscheidet sich von der sehr ähnlichen violetten Form des Kleinen Schillerfalters durch die Flügelhaltung: Die Vorderflügel sind auffallend weit nach hinten gerichtet und verdecken rund die Hälfte der Hinterflügel. Augenflecke fehlen häufig oder sind nur als Pünktchen sichtbar, nicht in eine ovale Umrandung eingefaßt wie beim Kleinen Schillerfalter.

Blauschillernder Feuerfalter, Weibchen

Blauschillernder Feuerfalter, Männchen

Violetter Feuerfalter, Männchen (Text → Seite 125)

Blauschillernder und Violetter Feuerfalter haben wie die Schillerfalter sogenannte Strukturschuppen, die je nach Lichteinfallswinkel die Flügel blau oder braun erscheinen lassen.

Blauschillernder Feuerfalter

Lycaena helle

Aussehen: Weibchen mit ausgeprägterer Orangezeichnung und weniger Schillerschuppen als das Männchen.
Vorkommen: Auf feuchten Waldwiesen, bis 2200 m. Nur lokal und selten von den Pyrenäen nordostwärts durch Mitteleuropa sowie in Skandinavien.
Flugzeit: V–VI in einer Generation.
Raupe: Ähnlich der des Großen Feuerfalters (→ Seite 209), lebt vor allem auf Schlangenknöterich. Eiablage einzeln an Blattunterseite. Gürtelpuppe in der Bodenvegetation.
Überwinterung: Als Puppe.
Beobachtungstip: Bei prallem Sonnenschein halten die Falter ihre Flügel fast immer geschlossen.

Hopfenklee-Bläuling

Everes alcetas

Aussehen: Männchen oberseits intensiv blau, mit breitem, scharf abgegrenztem, schwarzem Flügelrand. Weibchen oberseits einfarbig braun.
Vorkommen: Lokal in Südeuropa, an trockenwarmen Stellen mit Hopfenklee.
Flugzeit: IV–IX in mehreren Generationen.
Raupe: Ähnlich der des Brombeerzipfelfalters (→ Seite 209), lebt auf Hopfenklee.
Eiablage einzeln in die Blütenköpfe. Gürtelpuppe in der Bodenvegetation.
Überwinterung: Als Raupe.
Beobachtungstip: Der Hopfenklee-Bläuling hat auf der Unterseite der Hinterflügel im Unterschied zum Kurzgeschwänzten Bläuling keine orangefarbenen Randflecke.

Hopfenklee-Bläuling

Langgeschwänzter Bläuling (M 2 : 1)

Kurzgeschwänzter Bläuling

Bei den Bläulingen sind in der Regel die Geschlechter sehr verschieden gefärbt: die Männchen blau, die Weibchen braun bis schwärzlich.
Die Raupen der meisten Bläulings-Arten leben mit Ameisen zusammen (Myrmekophilie). Sie haben auf dem Rücken eine „Honigdrüse", die die Ameisen mit ihren Fühlern betrillern, bis die Raupen „Honig" absondern.

Kurzgeschwänzter Bläuling

Everes argiades

Aussehen: Weibchen oberseits braun, nur an der Flügelbasis blau bestäubt.
Vorkommen: Im Uferbereich von Flüssen und Seen, nur lokal in Süd- und Mitteleuropa.
Flugzeit: IV–IX in mehreren Generationen.
Raupe: Ähnlich der des Brombeerzipfelfalters (→ Seite 209), lebt auf verschiedenen Kleearten.
Eiablage einzeln in die Blütenköpfe. Gürtelpuppe in der Bodenvegetation.
Überwinterung: Als Raupe.
Beobachtungstip: Unterscheidet sich vom Hopfenklee-Bläuling durch die orangefarbenen Randflecke auf Unterseite der Hinterflügel.

Langgeschwänzter Bläuling

Lampides boeticus

Aussehen: Weibchen oberseits graublau, meist nur an der Flügelbasis blau.
Vorkommen: Lokal an trockenwarmen, meist steinigen Hängen in Süd- und Mitteleuropa. Nördlich der Alpen nur sporadischer Wandergast.
Flugzeit: V–IX in mehreren Generationen.
Raupe: (→ Seite 209), lebt in den Schoten des Blasenstrauches.
Eiablage einzeln an die Blüten. Verpuppung in den Schoten oder in der Bodenvegetation.
Überwinterung: Als Puppe.
Beobachtungstip: Unterseite der Hinterflügel mit breitem weißem Band, Silberflecke breit orange umrandet. Wanderfalter, der jedoch nur selten bis nach Nordeuropa fliegt.

Hauhechel-Bläuling, Männchen

Hauhechel-Bläuling, Weibchen

Esparsetten-Bläuling

Hauhechel-Bläuling

Polyommatus icarus

Aussehen: Männchen auf der Oberseite intensiv blau mit feiner schwarzer Randlinie. Weibchen braun mit orangefarbenen Randflecken, Flügelbasis unterschiedlich stark blau bestäubt.
Vorkommen: An blumenreichen Stellen, bis 2000 m, in ganz Europa.
Flugzeit: IV–X in mehreren Generationen.
Raupe: Ähnlich der des Brombeerzipfelfalters (→ Seite 209), lebt auf verschiedenen Kleearten. Eiablage einzeln in die Blütenköpfe. Bodenpuppe.
Überwinterung: Als Raupe.
Beobachtungstip: Der Hauhechel- Bläuling hat im Gegensatz zum Esparsetten-Bläuling auf der Unterseite der Vorderflügel in der Mittelzelle einen schwarzen Punkt.

Esparsetten-Bläuling

Plebicula thersites

Aussehen: Männchen blauviolett, Weibchen braun mit orangefarbenen Randflecken, Flügelbasis bläulich bestäubt.
Vorkommen: Magerwiesen mit Esparsetten an sonnigen Hängen in Süd- und Mitteleuropa bis 2000 m.
Flugzeit: V–IX in mehreren Generationen.
Raupe: Ähnlich der des Steinklee-Bläulings (→ Seite 209), lebt auf Esparsette. Eiablage einzeln an den Stiel der Futterpflanze. Bodenpuppe.
Überwinterung: Als Raupe.
Beobachtungstip: Der Esparsetten-Bläuling hat im Unterschied zum Hauhechel-Bläuling in der Mittelzelle der Vorderflügelunterseite keinen schwarzen Punkt.

Himmelblauer Bläuling

Idas-Bläuling, Männchen

Idas-Bläuling, Weibchen

Idas-Bläuling, Paarung

Obwohl fast jede Bläulings-Art einen etwas anderen Blauton zeigt, kann die einzelne Art nur aufgrund der Färbung der Flügelunterseite sicher bestimmt werden. Auf meist grauer Grundfarbe liegen schwarze, meist weiß umringte und orangefarbene, schwarz eingefaßte, kleine längliche oder runde Flecke.

Himmelblauer Bläuling

Lysandra bellargus

Aussehen: Männchen leuchtendblau, Weibchen braun mit orangefarbenen Randflecken.
Vorkommen: Auf Trockenrasen ganz Süd- und Mitteleuropa bis 2000 m.
Flugzeit: VII–X in zwei Generationen.
Raupe: (→ Seite 209), lebt auf Hufeisenklee.
Eiablage einzeln an Blätter. Bodenpuppe.
Überwinterung: Als Raupe.
Beobachtungstip: Die Flügelfransen sind schwarz und weiß gescheckt.

Idas-Bläuling, Gemeiner Heidewiesenbläuling

Lycaeides idas

Aussehen: Weibchen einfarbig braun mit orangefarbenen Randflecken oder bis zum Flügelrand hin stark blau übergossen. Auf den Flügelunterseiten bei Männchen und Weibchen am Flügelrand metallisch glänzende Punkte.
Vorkommen: An trockenwarmen, blumenreichen Stellen, bis 2500 m, ganz Europa außer Großbritannien.
Flugzeit: V–VIII in zwei Generationen.
Raupe: (→ Seite 209), lebt auf Sanddorn, Luzerne und anderen Schmetterlingsblütlern.
Eiablage einzeln. Gürtelpuppe in der Bodenvegetation.
Überwinterung: Als Raupe.
Beobachtungstip: Beim Idas-Bläuling ist der schwarze Flügelrand beim Männchen schmaler als beim sehr ähnlich aussehenden, jedoch etwas dunkler blau gefärbten **Argus Bläuling** *(Plebejus argus)*.

Fetthennen-Bläuling

Fetthennen-Bläuling, Unterseite

Thymian-Bläuling

Thymian-Bläuling, Unterseite

Fetthennen-Bläuling

Scolitantides orion
Aussehen: Oberseite graubraun, blau bestäubt.
Vorkommen: An trockenwarmen, steinigen Stellen, Süd- und Mitteleuropa, Südskandinavien.
Flugzeit: VI–VIII in zwei Generationen.
Raupe: (→ Seite 209), lebt auf Großer Fetthenne. Eiablage einzeln auf die Blattoberseite. Bodenpuppe.
Überwinterung: Als Puppe.
Beobachtungstip: Fast weiße Unterseite mit großen schwarzen Punkten und orangefarbener Randbinde.

Thymian-Bläuling

Philotes baton
Aussehen: Männchen hell blaugrau mit schwarzem Fleck auf den Vorderflügeln. Weibchen braun.
Vorkommen: An trockenwarmen, steinigen Stellen, bis 2000 m, Süd- und Mitteleuropa.
Flugzeit: VI–IX in zwei Generationen.
Raupe: Ähnlich der des Fetthennen-Bläulings (→ Seite 209), lebt auf Thymian. Eiablage einzeln in die Blütenköpfe. Bodenpuppe.
Überwinterung: Als Raupe.
Beobachtungstip: Auf der Unterseite nur orangefarbene Randflecke, keine geschlossene Binde.

Faulbaum-Bläuling

Celastrina argiolus
Aussehen: Weibchen der ersten Generation auch hellblau mit breiterem schwarzem Flügelrand. Bei der zweiten Generation der Weibchen beschränkt sich die Blaufärbung auf die Flügelbasis.
Vorkommen: In lichten Wäldern, Waldrändern, Buschland, bis 1000 m, ganz Europa.
Flugzeit: IV–IX in zwei

Faulbaumbläuling, Männchen

Faulbaumbläuling, Unterseite

Silbergrüner Bläuling

Schwarzgefleckter Bläuling

Generationen.
Raupe: Ähnlich der des Brombeerzipfelfalters (→ Seite 209), lebt auf Faulbaum, Hartriegel, Brombeere und Efeu.
Eiablage einzeln in die Blütenstände der Futterpflanze. Gürtelpuppe.
Überwinterung: Als Puppe.
Beobachtungstip: Der Falter ist meist nur mit zusammengeklappten Flügeln zu sehen.

Silbergrüner Bläuling

Lysandra coridon
Aussehen: Weibchen braun mit orangefarbenen Randflecken.
Vorkommen: Trockenrasen auf kalkigem Grund mit Hufeisenklee, bis 2000 m, Süd- und Mitteleuropa.
Flugzeit: VII–VIII in einer Generation.
Raupe: Sehr ähnlich der des Himmelblauen Bläulings (→ Seite 209), lebt auf Hufeisenklee.
Eiablage einzeln am Blattstiel. Bodenpuppe.
Überwinterung: Als Ei.
Beobachtungstip: Der dunkle Rand ist beim Männchen nicht immer scharf abgegrenzt.

Schwarzgefleckter Bläuling

Maculinea arion
Aussehen: Oberseite dunkel blaugrau, schwarze Flecke auf den Vorderflügeln.
Vorkommen: An trockenwarmen Stellen, bis 2000 m, fast ganz Europa.
Flugzeit: V–VIII.
Raupe: Ähnlich der des Steinklee-Bläulings (→ Seite 209), lebt auf Thymian.
Eiablage einzeln in die Blütenköpfe. Verpuppung im Ameisenbau.
Überwinterung: Als Raupe.
Beobachtungstip: Die Blaufärbung variiert.

Violetter Waldbläuling, rechts Männchen

Hochmoorbläuling

Bei den Bläulngen dieser Doppelseite sind die Weibchen entweder ganz braun oder mit blaubestäubter Flügelbasis, die Männchen stets deutlich blau gefärbt mit hellen, gefransten Flügelrändern.

Zahnflügelbläuling, Männchen (Text → Seite 155)

Violetter Waldbläuling

Cyaniris semiargus
Aussehen: Weibchen braun.
Vorkommen: Auf Magerwiesen, bis 2500 m, Europa außer Großbritannien.
Flugzeit: V–IX in zwei Generationen.
Raupe: Ähnlich der des Brombeerzipfelfalters (→ Seite 209), lebt auf verschiedenen Kleearten. Eiablage einzeln an die Blüten. Bodenpuppe.
Überwinterung: Als Raupe.
Beobachtungstip: Beim Männchen Flügeladern leicht verdunkelt.

Hochmoorbläuling

Vacciniina optilete
Aussehen: Weibchen braun, nur Flügelbasis leicht blau übergossen.
Vorkommen: Auf Hochmooren und im Gebirge, bis 2500 m, Mittel- und Nordeuropa.
Flugzeit: VI–VIII.
Raupe: Ähnlich der des Brombeerzipfelfalters (→ Seite 209), lebt auf Rauschbeere. Eiablage einzeln an die Blattunterseite. Gürtelpuppe an Futterpflanze.
Überwinterung: Als Raupe.
Beobachtungstip: Flügel weiß gefranst.

Steinklee-Bläuling

Glaucopsyche alexis
Aussehen: Weibchen braun mit blau bestäubter Flügelbasis.
Vorkommen: An trockenwarmen, blumenreichen Stellen, bis 2000 m, Europa außer Nordskandinavien und Großbritannien.
Flugzeit: IV–VIII in zwei Generationen.
Raupe: (→ Seite 209), lebt auf Schmetterlingsblütlern. Eiablage einzeln. Bodenpuppe.
Überwinterung: Als Puppe.
Beobachtungstip: Unterseite schwarzgefleckt.

Steinklee-Bläuling, Männchen

Argus-Bläuling

Blauwidderchen

Die Widderchen zählen, obwohl normalerweise nur tagaktiv, zu den Nachtfaltern. Sie halten die Flügel auch wie die meisten Nachtfalter in der Ruhestellung dachartig über dem Körper. Das Blauwidderchen ist mit seiner Nachtaktivität der Männchen eine große Ausnahme unter den Widderchen.

Argus-Bläuling, Geißklee-Bläuling

Plebejus argus

Aussehen: Weibchen braun, manchmal auch blau wie Männchen, aber zusätzlich mit orangefarbenen Randflecken.
Vorkommen: Magerwiesen, Heiden, Moore, ganz Europa außer dem äußersten Norden.
Flugzeit: V–X in mehreren Generationen.
Raupe: Sehr ähnlich der des Idas-Bläulings (→ Seite 209), lebt auf verschiedenen Kleearten und auf Sonnenröschen. Eiablage einzeln an die Blüten der Futterpflanze. Bodenpuppe.
Überwinterung: Als Raupe.
Beobachtungstip: Die Falter haben deutlich rundere Flügel als andere Bläulinge.

Blauwidderchen

Jordanita globulariae

Aussehen: Intensiv blau, Männchen mit leicht gekämmten Fühlern.
Vorkommen: Lokal in Heide- und Moorgebieten, bis in die tieferen Täler der Gebirge, ganz Mitteleuropa.
Flugzeit: VI–VII in einer Generation.
Raupe: Als Jungraupe minierend in Blättern von Glockenblumen, später an den Blättern selbst. Eiablage einzeln an die Blätter der Futterpflanze. Verpuppung in losem Gespinst am Boden.
Überwinterung: Als Raupe.
Beobachtungstip: Die Männchen fliegen nachts ans Licht.

Verschieden-farbige Falter

In dieser Farbgruppe werden all die Falter behandelt, die nicht eindeutig einer der vorhergehenden Farbgruppen zuzuordnen sind, also auch die wenigen grünen Arten.
Bei dieser Farbgruppe gehört nur der Brombeerzipfelfalter zu den Tagfaltern, alle anderen sind Nachtfalter, von denen aber viele tagaktiv sind.
Gerade bei den Nachtfaltern sind die Vorder- und Hinterflügel oft so verschieden gefärbt, daß eine eindeutige Farbzuordnung unmöglich ist, auch wenn bei einer bestimmten Flügelhaltung eindeutig eine Farbe dominiert.

Zwei Widderchen *(Zygaena phadamanthus)*, die in den Südalpen, in Frankreich, Spanien und Portugal vorkommen.

Brombeerzipfelfalter, Paarung

Skabiosenschwärmer

Hummelschwärmer

Taubenschwänzchen

Brombeerzipfelfalter
Callophrys rubi
Aussehen: Grüne Unterseite.
Vorkommen: An trockenwarmen Stellen, auch auf Heiden und Mooren, ganz Europa.
Flugzeit: IV–VI.
Raupe: (→ Seite 209), lebt auf Sonnenröschen, Erikagewächsen, Kleearten und Brombeere.
Eiablage einzeln an die Futterpflanze. Bodenpuppe.
Überwinterung: Als Puppe.
Beobachtungstip: Unverwechselbar durch die grüne Unterseite.

Hummelschwärmer
Hemaris fuciformis
Aussehen: Flügelrand und Körpermitte rotbraun.
Vorkommen: Auf trockenwarmen Magerwiesen, an Waldrändern, bis 2000 m, ganz Europa.
Flugzeit: V–VIII in zwei Generationen.
Raupe: (→ Seite 202), lebt auf Geißblatt. Bodenpuppe.
Überwinterung: Als Puppe.
Beobachtungstip: Sehr ähnlich ist der **Skabiosenschwärmer** (*Hemaris tityus*), bei dem allerdings Flügelränder und Körpermitte grauschwarz sind.

Taubenschwänzchen
Macroglossum stellatarum
Aussehen: Hinterleib verbreitet, mit weißen Seitenflecken und Haarschwanz.
Vorkommen: Überall häufig, auch in Gärten, Süd- und Mitteleuropa. Nördlich der Alpen Wanderfalter.
Flugzeit: VI–IX in zwei Generationen.
Raupe: (→ Seite 202), lebt auf Labkraut. Bodenpuppe.
Überwinterung: Als Puppe.
Beobachtungstip: Das Taubenschwänzchen “steht” schwirrend vor den Blüten, um Nektar zu saugen.

Tagaktive Nachtfalter

Jakobskrautbär

Russischer Bär

**Schwärmer besitzen einen kräftigen, behaarten Körper und meist sehr lange Vorderflügel, die in Ruhestellung die Hinterflügel überdecken.
Der Rüssel der "Blütenbesucher" ist besonders lang. Die Falter "stehen" wie Kolibris im Schwirrflug vor den Blüten.
Russischer Bär, Spanische Fahne und Jakobskrautbär gehören zur Familie der Bärenspinner. Ihre Raupen sind mit Warzen und kurzen Haarbüscheln besetzt.**

Spanische Fahne

Jakobskrautbär, Blutbär

Thyria jacobaea
Aussehen: Unverwechselbar schwarz-rot gefärbt.
Vorkommen: Steppenartiges, trockenes Gelände mit Jakobskraut, ganz Europa.
Flugzeit: V–IX in zwei Generationen.
Raupe: Schwarz-gelb, lebt gesellig auf Jakobskraut, seltener auf Huflattich und Pestwurz. Bodenpuppe in losem Gespinst.
Überwinterung: Als Puppe.
Beobachtungstip: Im Gegensatz zu den Widderchen besitzt der Jakobskrautbär fadenförmige Fühler.

Russischer Bär

Panaxia quadripunctaria
Aussehen: Vorderflügel schwarz mit gelblichen Streifen, Hinterflügel rot mit schwarzen Flecken.
Vorkommen: Meist in Wassernähe, Süd- bis Mitteleuropa.
Flugzeit: VII–VIII.
Raupe: Gelbschwarz mit orangegelben, braunbehaarten Warzen, lebt auf Nesseln und Brombeere. Verpuppung am Boden in losem Gespinst.
Überwinterung: Als Raupe.
Beobachtungstip: Sitzen mit Vorliebe auf Wasserdost.

Spanische Fahne

Panaxia dominula
Aussehen: Vorderflügel braun mit weißen und gelben Flecken, Hinterflügel rot-schwarz.
Vorkommen: Waldlichtungen, Bachschluchten, ganz Europa.
Flugzeit: VI–VII.
Raupe: Gelbschwarz mit blaugrauen, gelblichbehaarten Warzen, lebt auf Beinwell, Nesseln und Geißblatt. Verpuppung am Boden in einem Gespinst.
Überwinterung: Als Raupe.
Beobachtungstip: Ähnelt dem Russischen Bär

Purpurroter Zünsler

Gold-Langhornmotte

Flachstirnspanner

Schwarzspanner

Alle Falterarten dieser Doppelseite gehören zu den Nachtfaltern, sind aber tagaktiv. Sie unterscheiden sich von den Tagfaltern durch fadenförmige oder kammartige Fühler – die Fühler der Tagfalter sind nur am Ende verdickt.
Bei den Widderchen – darum der Name – sind die kräftigen Fühler wie Ziegenhörner gekrümmt.

Purpurroter Zünsler
Pyrausta purpuralis
Aussehen: Ockergelbe Flecken auf den Vorderflügeln, Kopfpartie gelb.
Vorkommen: Auf Wiesen und an Wegrändern, ganz Europa.
Flugzeit: V–IX in zwei Generationen.
Raupe: Grün mit gelblichem Längsstreifen, Kopf braun; lebt an der Erde in versponnenen Blättern von Minzearten und Thymian.
Überwinterung: Als Raupe
Beobachtungstip: Die Falter setzen sich mit Vorliebe auf Dost und Thymian.

Flachstirnspanner
Psodos quadrifaria
Aussehen: Die Ausdehnung der orangefarbenen Flecke variiert geografisch sehr stark.
Vorkommen: Auf Blumenwiesen in den Alpen, Sudeten und Karpaten.
Flugzeit: VI–VIII in einer Generation.
Raupe: Braun mit dunkler Rückenlinie und gelblichen Seitenstreifen; lebt auf verschiedenen Kräutern.
Überwinterung: Als Raupe.
Beobachtungstip: Der Flachstirnspanner ist ausschließlich tagaktiv.

Schwarzspanner
Odezia atrata
Aussehen: Einziger einfarbig schwarzer Falter, nur an der Flügelspitze ein schmaler weißer Saum.
Vorkommen: Auf Blumenwiesen, bis 2400 m, ganz Europa.
Flugzeit: V–VII, je nach Höhenlage in einer Generation.
Raupe: Lang, schlank, grün mit dunklem Rückenstreifen; lebt auf verschiedenen Doldenblütlern.
Überwinterung: Als Ei.
Beobachtungstip: Die Falter sind sehr scheu, fliegen

Grünwidderchen, Männchen (M 3 : 1)

nie weit und lassen sich bei Bedrohung ins Gras fallen. Sie sind tag- und nachtaktiv.

Gold-Langhornmotte

Nemophora metallica
Aussehen: Goldglänzend mit sehr langen Fühlern; Hinterflügel mit langen Fransen.
Vorkommen: Auf offenen blumenreichen Wiesen, ganz Europa.
Flugzeit: VI–VIII in einer Generation.
Raupe: Klein; lebt zuerst in den Samen von Skabiosen, fertigt sich später aus Blattstückchen einen Raupensack an, in dem sie sich verpuppt.
Überwinterung: Als Raupe.
Beobachtungstip: Die Falter setzen sich fast ausschließlich auf Skabiosen. Flug sehr langsam und hüpfend.

Grünwidderchen

Procris statices
Aussehen: Gelbgrün, metallisch glänzend. Hinterflügel unscheinbar braun. Männchen mit stark gekämmten Fühlern.
Vorkommen: Auf trockenwarmen, blumenreichen Magerwiesen, vorwiegend im Flachland, ganz Europa.
Flugzeit: V–VI in einer Generation.
Raupe: Ähnlich der des Esparsetten-Widderchens (→ Seite 206), mit rotem Seitenstreifen; lebt auf Ampferarten.
Überwinterung: Als Raupe.
Beobachtungstip: Das Grünwidderchen setzt sich, wie die Gold-Langhornmotte, fast ausschließlich auf Skabiosen. Die Grünwidderchen kommen in mehreren, sehr ähnlichen Arten vor und sind nur schwer zu unterscheiden.

Tagaktive Nachtfalter

Weißfleck-Widderchen

Gemeines Blutströpfchen

Veränderliches Widderchen (M 1,5 : 1)

Bei den Widderchen sind die Fühler einseitig gezähnt. Die Färbung der Falter in Schwarz mit roten, gelben oder weißen Flecken stellt eine Warnung dar, denn die Falter scheiden bei Bedrohung eine ätzende, ölige Flüssigkeit aus, die sie ungenießbar macht.
Widderchen sind sehr wärmeliebend, kommen meist gesellig vor und bilden auch Schlafgesellschaften.

Weißfleckwidderchen

Amata phegea
Aussehen: Schwarz mit weißen Flecken.
Vorkommen: Warmtrockene, blumenreiche Hänge in milden Lagen, Süd- und Mitteleuropa.
Flugzeit: VI–VII in einer Generation.
Raupe: Graubraun mit dichten Haarbüscheln; lebt auf Löwenzahn, Wegerich und Nesseln.
Eiablage an Steine oder Pflanzenteile. Bodenpuppe in einem Kokon mit eingearbeiteten Raupenhaaren.
Überwinterung: Als Raupe zu mehreren in einem Gespinst, oft zweimal.
Beobachtungstip: Nur in Gegenden mit Kalkboden.

Veränderliches Widderchen

Zygaena ephialtes
Aussehen: Blauschwarz, mit roten oder gelben und weißen Fleckenpaaren.
Vorkommen: In lichten Wäldern und auf Buschland, Süd- und Mitteleuropa.
Flugzeit: VII–VIII in einer Generation.
Raupe: Gelblichgrün mit schwarzer, unterbrochener Rückenlinie; lebt auf Kronwicke.
Verpuppung an der Futterpflanze oder in Bodennähe.
Überwinterung: Als Raupe.
Beobachtungstip: Fleckenfärbung sehr variabel.

Gemeines Blutströpfchen

Zygaena filipendulae
Aussehen: Vorderflügel schwarzgrün schillernd mit roten Flecken, Hinterflügel rot mit schwarzem Saum.
Vorkommen: Auf Magerwiesen, bis 2000 m, ganz Europa.
Flugzeit: VII–VIII in einer Generation.

Sechspunkt-Widderchen

Esparsetten-Widderchen

Goldrand-Widderchen

Braunes Widderchen

Die Raupen der Widderchen sind kurz und gedrungen, meist hell gefärbt mit dunklen Streifen oder Flecken und kurzen Haaren. Sie leben hauptsächlich an Schmetterlingsblütlern. Sie überwintern – oft sogar zweimal.
Die Verpuppung erfolgt in einem pergamentartigen, länglichen Kokon, der auf der Längsseite an der Futterpflanze oder an Steinen angeklebt wird.

Raupe: (→ Seite 207), lebt auf verschiedenen Kleearten.
Verpuppung an der Futterpflanze oder in Bodennähe.
Überwinterung: Als Raupe.
Beobachtungstip: Sehr ähnlich ist das **Sechspunkt-Widderchen** (*Zygaena transalpina*).

Esparsetten-Widderchen

Zygaena carniolica
Aussehen: Rote Flecken weiß eingefaßt.
Vorkommen: Auf trockenwarmen Magerwiesen, Mittel- und Südeuropa.
Flugzeit: VI–VIII in einer Generation.
Raupe: (→ Seite 206), lebt auf Esparsette und Hornklee.
Verpuppung an der Futterpflanze oder in Bodennähe.
Überwinterung: Als Raupe.
Beobachtungstip: Sehr ähnlich ist das **Goldrand-Widderchen** (*Zygaena fausta*), die roten Flecken sind jedoch goldgelb eingefaßt.

Braunes Widderchen

Zygena infausta
Aussehen: Unverwechselbar braun gefärbt.
Vorkommen: Trockenwarme, buschige Stellen, Süd- und Mitteleuropa.
Flugzeit: VII–VIII in einer Generation.
Raupe: (→ Seite 206), lebt auf *Prunus*-Arten.
Verpuppung an der Futterpflanze oder in Bodennähe.
Überwinterung: Als Raupe.
Beobachtungstip: Der Falter besitzt als einziges Widderchen keinen Rüssel, er setzt sich darum auch kaum auf Blüten, da er keine Nahrung zu sich nimmt und ist sehr kurzlebig.

Großes Nachtpfauenauge, Weibchen

Großes Nachtpfauenauge, Wiener Nachtpfauenauge

Saturnia pyri

Aussehen: Größter Falter, Europas. Männchen mit stark gekämmten Fühlern, schmalerem Körper und etwas kleiner als das Weibchen. Auf Vorder- und Hinterflügeln je ein "Auge".
Vorkommen: Lichte Wälder und Buschland, Süd- und Mitteleuropa. Nördlich der Alpen nur lokal und selten an besonders milden Stellen.
Flugzeit: V–VI in einer Generation.
Raupe: (→ Seite 212), lebt auf verschiedenen Laubgehölzen.
Eiablage meist grüppchenweise. Verpuppung in einem birnenförmigen Seidenkokon, der an der Spitze eine doppelte Reuse besitzt, die Spinnfäden laufen konisch nach außen zusammen, sodaß der Falter bequem hinaus, aber niemand sonst hinein kann.
Überwinterung: Als Puppe.
Beobachtungstip: Die Puppen überliegen sehr oft ein- bis zweimal, die Falter schlüpfen erst nach zwei oder drei Jahren.

Kleines Nachtpfauenauge

Saturnia pavonia

Aussehen: Beim Männchen Vorderflügel braungrau, Hinterflügel gelblichbraun, Fühler stark gekämmt. Beim größeren Weibchen Vorder- und Hinterflügel graubraun.
Vorkommen: Auf Buschland, Heiden, Mooren und Trockenrasen, bis 2000 m, ganz Europa.
Flugzeit: IV–V.
Raupe: (→ Seite 213), sehr variabel, lebt auf Mädesüß, Brombeere, Schwarzdorn, Erika, anderen Laubgehölzen und niederen Pflanzen.

Kleines Nachtpfauenauge, Männchen

Totenkopfschwärmer, ca. 6 x vergrößert

Die Raupen des Totenkopfschwärmers lassen bei Störung einen knackenden Laut ertönen. Der Falter selbst kann als einziger Schmetterling für uns hörbare Pfeiftöne von sich geben. Mit diesen Tönen gelingt es ihm oftmals, die Bienen zu beruhigen, wenn er in deren Stöcke eindringt, um Honig zu naschen. Großes und Kleines Nachtpfauenauge besitzen keinen Rüssel, das bedeutet, daß sie als Falter keine Nahrung aufnehmen und ihre Lebenserwartung daher sehr kurz ist: Das Männchen stirbt bald nach der Paarung, das Weibchen kurz nach der Eiablage.

Eiablage ringförmig um Halme. Verpuppung in birnenförmigem Seidenkokon.
Überwinterung: Als Puppe, oft mehrmals.
Beobachtungstip: Die Weibchen fliegen meist nur nachts, die Männchen – im Unterschied zum Großen Nachtpfauenauge – ausschließlich tagsüber. In der Mittagszeit suchen sie mit ihren feingekämmten Fühlern die Weibchen, die tagsüber reglos im Gras sitzen und ihre lockenden Duftstoffe (Pheromone) verströmen.

Totenkopfschwärmer

Acherontia atropos
Aussehen: Der Falter trägt auf dem Rücken eine helle Zeichnung in Form eines Totenkopfes. Vorderflügel dunkelbraun, Hinterflügel und Hinterleib gelb mit blauschwarzen Querstreifen.
Vorkommen: Offenes Gelände, ganz Europa. Nördlich der Alpen nicht bodenständig, sondern nur sporadischer Einwanderer.
Flugzeit: V–X in zwei Generationen.
Raupe: (→ Seite 200), sehr selten tritt sie auch in einer braunen Farbvariante ohne Querstreifen auf; lebt vorzugsweise auf Kartoffelkraut, seltener auf anderen Nachtschattengewächsen. Verpuppung tief im Boden in einer Erdhöhle.
Überwinterung: Als Puppe, nur südlich der Alpen.
Beobachtungstip: Der Totenkopfschwärmer ist ein sehr flugtüchtiger Wanderfalter, der nördlich der Alpen nicht überwintern kann, aber alljährlich aus dem Mittelmeerraum bis nach Skandinavien vordringt.

Isabellaspinner, Weibchen

Isabellaspinner

Graellsia isabellae
Aussehen: Unverwechselbar grün und rotbraun gezeichnet. Das Männchen hat längere Flügelschwänze und stärker gekämmte Fühler.
Vorkommen: Lokal in Südfrankreich und Spanien in Kiefernwäldern bergiger Gegenden.
Flugzeit: IV–VI.
Raupe: Hellgrün mit weißen, langen Haaren, seitlich weiß punktiert, auf dem Rücken ein weiß eingefaßter, brauner Streifen; lebt auf Kiefern. Verpuppt sich wie alle Spinnerarten in einem Seidenkokon.
Überwinterung: Als Puppe.
Beobachtungstip: Die Falter fliegen auch noch bei sehr tiefen Temperaturen (um 5°C).

Oleanderschwärmer

Daphnis nerii
Aussehen: Farbenprächtigster Schwärmer Europas mit schmalen Vorderflügeln, deren unterer Rand stark gewellt ist. Flügel und Körper grün mit weißlich bis rosafarbener Zeichnung.
Vorkommen: Südeuropa, an den Standorten der Raupenfutterpflanze (Oleander). Ausgeprägter Wanderfalter.
Flugzeit: VI–IX in zwei Generationen.
Raupe: (→ Seite 200), lebt auf Oleander, seltener auch auf Immergrün; verpuppt sich in einer Erdhöhle.
Überwinterung: Nur im Süden, als Puppe im Boden.
Beobachtungstip: Der Falter selbst ist nur schwer zu finden, erfolgreicher ist das Absuchen von Oleanderbüschen nach seinen großen Raupen.

Oleanderschwärmer

Abendpfauenauge

Bei den Schwärmern sind in der Ruhestellung nur die Vorderflügel sichtbar. Erst wenn die Falter gestört werden, heben sie die Vorderflügel oder stellen sie seitwärts aus und zeigen die meist recht bunten Hinterflügel. Beim Abendpfauenauge kommt ein auffallendes und für einige Feinde abschreckendes Augenpaar zum Vorschein.

Großer Weinschwärmer

Abendpfauenauge

Smerinthus ocellata

Aussehen: Vorderflügel graubraun, Hinterflügel gelblich und rot gefärbt mit großen schwarz gerandeten "Augen".
Vorkommen: In Flußauen und offenem Gelände mit Weiden und Pappeln, ganz Europa bis zur nördlichen Waldgrenze.
Flugzeit: VI–VII in einer Generation.
Raupe: (→ Seite 202), lebt gerne auf sonnigen Weiden und Pappeln, seltener auf Schlehen und Obstbäumen. Bodenpuppe.
Überwinterung: Als Puppe.
Beobachtungstip: Nachtaktiver und lichtscheuer Falter, der keine Nahrung mehr aufnimmt und kurzlebig ist.

Großer Weinschwärmer

Hippotion celerio

Aussehen: Durch den ganzen Vorderflügel zieht sich ein deutlicher heller Streifen, Hinterflügel rosenrot mit schwarzen Adern.
Vorkommen: Vorwiegend im Mittelmeerraum im gesamten Weinbaugebiet, allgemein jedoch recht selten. Ausgesprochener Wanderfalter, der manchmal bis nach Nordeuropa vordringt.
Flugzeit: VI–X in zwei Generationen.
Raupe: Ähnlich der des Mittleren Weinschwärmers, aber mit deutlich größerem Horn und hellem Seitenstreifen; lebt auf Wein, Labkraut und Weidenröschen. Verpuppt sich im Boden.
Überwinterung: Nur im Süden als Puppe im Boden.
Beobachtungstip: Nachtaktiver und lichtscheuer Falter.

Windenschwärmer (M 3 : 1)

Windenschwärmer
Herse convolvuli
Aussehen: Vorderflügel und Vorderkörper gleichmäßig graubraun marmoriert, Hinterflügel weiß- bis blaugrau mit vier schwarzen Bändern, Hinterleib schwarz-rot geringelt.
Vorkommen: Offenes Gelände, ganz Europa. Nördlich der Alpen nicht bodenständig, aber regelmäßiger Einwanderer.
Flugzeit: V–X in zwei Generationen.
Raupe: (→ Seite 200), auch in einer braunen Farbvariante; lebt auf Winden. Verpuppung tief in der Erde.
Überwinterung: Als Puppe, nur südlich der Alpen.
Beobachtungstip: Die Falter der zweiten Generation können im Spätsommer in der Dämmerung an Petunien, Ziertabak und Phlox beobachtet werden.

Kiefernschwärmer
Hyloicus pinastri
Aussehen: Kleiner als der Windenschwärmer, unscheinbar graubraun gefärbt, Körper ohne rote Querstreifen.
Vorkommen: In Kiefer- und Mischwäldern, bis zur Waldgrenze, ganz Europa.
Flugzeit: V–VII.
Raupe: (→ Seite 201), lebt auf Kiefer, Fichte und Lärche. Eiablage auf Kiefernadeln. Verpuppung am Boden im Moos.
Überwinterung: Als Puppe.
Beobachtungstip: Die Falter bevorzugen stark duftende Blüten.

Wolfsmilchschwärmer
Celerio euphorbiae
Aussehen: Olivbraune Flecken auf den Vorderflügeln, Hinterflügel rot, weiß und schwarz gefärbt.
Vorkommen: An trocken-

Kiefernschwärmer

Ligusterschwärmer

Wolfsmilchschwärmer

Fledermausschwärmer

warmen, sonnigen Hängen, meist entlang von Flüssen, ganz Europa.
Flugzeit: V–IX in zwei Generationen.
Raupe: (→ Seite 201), in der Grundfärbung sehr variabel, lebt auf Wolfsmilch. Verpuppung am Boden.
Überwinterung: Als Puppe.
Beobachtungstip: Beim sehr ähnlichen **Labkrautschwärmer** (*Celerio galii*, → Klappe vorn) ist die Zeichnung am Flügelvorderrand nicht unterbrochen. Die Raupe (→ Seite 201) lebt auf Weidenröschen und Labkraut.

Ligusterschwärmer

Sphinx ligustri
Aussehen: Vorderflügel graubraun, Hinterflügel rosa mit schwarzen Streifen, Hinterleib rosa und schwarz gestreift.
Vorkommen: Lichte Laub- und Mischwälder, Buschland, ganz Europa.
Flugzeit: V–VII.
Raupe: (→ Seite 201), lebt auf Liguster, Esche und Sanddorn. Bodenpuppe.
Überwinterung: Als Puppe.
Beobachtungstip: Ähnelt dem Windenschwärmer, Hinterflügel jedoch rosa gestreift.

Fledermausschwärmer

Celerio vespertilio
Aussehen: Vorderflügel graubraun, Hinterflügel rosa mit braunem Rand.
Vorkommen: In milden Alpentälern, meist an Böschungen von Flüssen, Südalpen, auf der Alpennordseite nur lokal.
Flugzeit: V–IX in zwei Generationen.
Raupe: (→ Seite 201), lebt auf Kiesweidenröschen. Verpuppung unter Steinen.
Überwinterung: Als Puppe.
Beobachtungstip: Die Raupen verbergen sich tagsüber oft unter Steinen.

Nachtkerzenschwärmer

Gelbes Ordensband

Rotes Ordensband

Die Ordensbänder haben rindenartig gefärbte und gezeichnete Vorderflügel, die sie in Ruhestellung über die auffallend gefärbten Hinterflügel gedeckt haben, so daß sie hervorragend getarnt sind. Ihre Raupen sind lang und schlank und ähneln in ihrer Färbung Ästchen und Zweigen. Sie sind nachtaktiv und ruhen tagsüber gut getarnt an Zweigen oder Stämmen. Die Puppen sind meist bläulich bereift.

Nachtkerzenschwärmer

Proserpinus proserpina

Aussehen: Vorderflügel grünlich mit breitem schwarzem Band, unterer Rand gezackt. Hinterflügel gelblich mit dunklem Band, ebenfalls gezackt.
Vorkommen: Meist in der Nähe von Gewässern in milden Lagen, Süd- und Mitteleuropa.
Flugzeit:V–VI.
Raupe: (→ Seite 202), lebt auf Nachtkerze und Weidenröschen.
Verpuppung in der Erde.
Überwinterung: Als Puppe.
Beobachtungstip: Der Falter ähnelt etwas dem Taubenschwänzchen, ist aber viel kontrastreicher gefärbt und unterscheidet sich eindeutig durch die gezackten Flügelränder.

Gelbes Ordensband

Ephesia fulminea

Aussehen: Vorderflügel graubraun mit dunklen, gezackten Querstreifen. Hinterflügel gelb mit zwei breiten dunklen Querbändern.
Vorkommen: In Eichenwäldern, Süd- und Mitteleuropa.
Flugzeit: VI–VIII.
Raupe: Graubraun mit mehreren kurzen und einem langen Zapfen, ähnelt einem Ästchen; lebt auf Eichen und Schlehen.
Verpuppung in lockerem Gespinst am Boden.
Überwinterung: Als Ei.
Beobachtungstip: Auf Rinde sitzend ist diese Art kaum zu erkennen. Die Falter sind nur nachtaktiv.

Rotes Ordensband

Catocala nupta

Aussehen: Vorderflügel gleichmäßig graubraun marmoriert, Hinterflügel mit breiter schwarzer Randbinde und schwarzem

Blaues Ordensband

Querstreifen. Untere Flügelränder gewellt.
Vorkommen: In Auenwäldern und auf Buschland, meist in der Nähe von Flüssen, ganz Europa.
Flugzeit: VII–IX in einer Generation.
Raupe: (→ Seite 206), lebt auf Weiden und Pappeln. Verpuppung in losem Gespinst am Boden.
Überwinterung: Als Ei.
Beobachtungstip: Es gibt in Europa über ein Dutzend "Rote Ordensbänder", die sich sehr stark ähneln.

Blaues Ordensband

Catocala fraxini
Aussehen: Größte mitteleuropäische Eulenart. Vorderflügel graubraun, Hinterflügel dunkelbraun mit breitem hellblauem Band. Flügelränder hell, leicht gewellt.
Vorkommen: Laub- und Mischwälder, Süd- und Mitteleuropa in milden Lagen.
Flugzeit: VIII–X in einer Generation.
Raupe: (→ Seite 206), lebt auf Pappeln und Weiden. Eiablage einzeln in Rindenritze. Verpuppung in losem Gespinst am Boden.
Überwinterung: Als Ei.
Beobachtungstip: Das Blaue Ordensband ist mit geschlossenen Flügeln kaum von seiner Unterlage zu unterscheiden. Tagsüber ruhen die Falter. Werden sie aufgescheucht, dann fliegen die Falter nie weit, sondern setzen sich sofort wieder mit geschlossenen Flügeln, so daß sie fast überall perfekt getarnt sind. Wie alle Ordensbänder trinkt auch das Blaue Ordensband gerne an Baumsäften und auf faulendem Obst.

Brauner Bär (M 2 : 1)

Brauner Bär

Arctia caja

Aussehen: Vorderflügel braun und weiß gefärbt, Hinterflügel rotbraun mit blauen, schwarz umrandeten Flecken. Hinterkörper rotbraun mit schwarzen Ringen.

Vorkommen: Überall sehr häufig, selbst auf Kulturland, bis 2000 m, ganz Europa.

Flugzeit: VII–VIII in einer Generation.

Raupe: (→ Seite 213), lebt auf Löwenzahn und anderen niederen Kräutern, auch auf Sträuchern wie Geißblatt, Schneeball und Brombeere.

Eiablage in Häufchen an die Blätter der Futterpflanzen. Bodenpuppe in lockerem Gespinst.

Überwinterung: Als Raupe.

Beobachtungstip: Die Falter variieren sehr stark in der Färbung. Mit den auffällig gefärbten rot-schwarzen Hinterflügeln werden Feinde abgeschreckt und vor der Ungenießbarkeit des Falters gewarnt. Die wanderfreudigen Raupen sieht man öfter als die nachtaktiven Falter, die tagsüber in niederen Pflanzen ruhen. Bei Gefahr lassen sich die Raupen von der Futterpflanze auf den Boden fallen und stellen sich tot.

Weißer Bär

Euprepia pudica

Aussehen: Unverwechselbar, weiß mit schwarzen Punkten.

Vorkommen: An trockenwarmen, meist buschigen Stellen, Südeuropa.

Flugzeit: V–IX in zwei Generationen.

Raupe: Ähnelt der des Braunen Bärs (→ Seite 213), lebt auf Gräsern.

Weißer Bär

Schwarzer Bär

Gelber Bär

In Ruhestellung haben die „Bären" ihre Hinterflügel unter den Vorderflügeln versteckt. Werden sie jedoch beunruhigt oder erschreckt, breiten sie die Vorderflügel aus, so daß die in Warnfarben leuchtenden Hinterflügel sichtbar werden.

Verpuppung in losem Gespinst am Boden.
Überwinterung: Als Raupe.
Beobachtungstip: Beim Weibchen sind die Vorderflügel leicht rötlich überhaucht.

Schwarzer Bär

Arctia villica
Aussehen: Vorderflügel schwarz-weiß gefleckt, Hinterflügel gelb-braun.
Vorkommen: Trockenwarme, blumenreiche Stellen, Buschland, Süd- und Mitteleuropa. Nördlich der Alpen nur lokal an besonders milden Stellen.
Flugzeit: VI–VIII in einer Generation.
Raupe: Ähnelt der des Braunen Bärs (→ Seite 213), lebt auf den verschiedensten niederen Kräutern.
Bodenpuppe in lockerem Gespinst.
Überwinterung: Als Raupe.
Beobachtungstip: Die Schwarzweißzeichnung auf den Vorderflügeln ist sehr variabel.

Gelber Bär

Arctia flavia
Aussehen: Vorderflügel gelb-schwarz, Hinterflügel einfarbig gelb gefärbt.
Vorkommen: In den Alpen meist oberhalb der Baumgrenze.
Flugzeit: VII–VIII in einer Generation.
Raupe: Ähnelt der des Braunen Bärs (→ Seite 213), lebt auf verschiedenen niederen Kräutern.
Verpuppung in lockerem Gespinst am Boden.
Überwinterung: Als Raupe.
Beobachtungstip: Die Raupen verbergen sich tagsüber meist unter Steinen und fressen nur nachts.
Die Falter fliegen erst nach Mitternacht.

Mondfleck (M 1,5 : 1)

Brombeereule

Pfeileule

Bacheule

Die Familie der Eulen ist eine der artenreichsten Familien, deren Angehörige jedoch in Aussehen und Lebensweise recht ähnlich sind. Typisch ist die Zeichnung der Vorderflügel mit Zapfen-, Nieren- oder Ringzeichen. Der Hinterleib trägt häufig Haarbüschel und Dufthaarbüschel.
Die Eier werden meist einzeln auf der Futterpflanze der Raupen abgelegt.

Mondfleck
Phalera bucephala
Aussehen: Weibchen etwas größer als Männchen, in der Färbung jedoch gleich. Flügel graubraun mit auffallendem gelbem "Mondfleck" auf den Flügelspitzen der Vorderflügel.
Vorkommen: Auen- und Mischwälder, Buschland und Heiden, bis zur Waldgrenze, ganz Europa.
Flugzeit: V–VII in einer Generation.
Raupe: (→ Seite 214), lebt gesellig auf Eiche, Birke, Buche, Pappel und Weide. Eiablage zu mehreren auf der Blattoberseite der Futterpflanzen. Bodenpuppe.
Überwinterung: Als Puppe.
Beobachtungstip: Der Falter sieht in Ruhestellung wie ein abgebrochener Zweig aus.

Brombeereule, Achateule
Habrosyne pyritoides
Aussehen: Flügelzeichnung braun marmoriert.
Vorkommen: Lichte Wälder und Buschland, ganz Europa.
Flugzeit: VI–VIII in einer Generation.
Raupe: Bräunlich mit zwei weißen Flecken am Vorderkörper, lebt auf Brombeere und Himbeere. Verpuppung am Boden in einem Gespinst
Überwinterung: Als Puppe.
Beobachtungstip: Die Häufigkeit dieses Falters schwankt von Jahr zu Jahr sehr stark.

Pfeileule
Acronycta psi
Aussehen: Schwarze Zeichnung in Form von Pfeilspitzen.
Vorkommen: Mischwälder und Buschland, bis 1600 m, ganz Europa.
Flugzeit: V–VIII.

Messingeule (M 3 : 1)

Raupe:
lebt auf Weide, Birke, Erle, Pappel, Schlehe, Hasel und Heckenrose. Verpuppung in festem Kokon unter Rinden oder in morschem Holz.
Überwinterung: Als Puppe.
Beobachtungstip: Es gibt noch zwei sehr ähnliche Arten, die kaum zu unterscheiden sind.

Bacheule

Hadena rivularis
Aussehen: Braun-violett gemustert.
Vorkommen: Auenwälder, Bachböschungen, bis 1600 m, ganz Europa.
Flugzeit: V–VIII in einer Generation.
Raupe: Nackt, unauffällig gefärbt, lebt in den Blüten von Nelkengewächsen, vor allem vom Taubenkropf. Verpuppung im Boden.
Überwinterung: Als Puppe.
Beobachtungstip: Die blauviolette Bestäubung variiert in der Ausdehnung sehr stark.

Messingeule

Plusia chrysitis
Aussehen: Metallisch glänzend, variabel gezeichnet.
Vorkommen: Auen- und Mischwälder, Buschland und Brachflächen, ganz Europa.
Flugzeit: V–IX in zwei Generationen.
Raupe: Nackt, grünlich, lebt auf Brennessel, Taubnessel, Löwenzahn und Wegericharten. Schwarze Bodenpuppe mit langer Rüsselscheide.
Überwinterung: Als Raupe.
Beobachtungstip: Typisch sind die Haarbüschel an Vorder- und Hinterkörper. Die Falter sind eifrige Blütenbesucher, die während des Nektarsaugens mit den Flügeln weiterschwirren.

Nicht alles, was nach Raupe aussieht, stammt auch von einem Schmetterling. Hier machen sich zum Beispiel Blattwespenlarven über ihr Futter her.

Raupen bestimmen

Die farbenprächtigen Schmetterlinge, die von Blüte zu Blüte gaukeln, erfreuen sehr viele Naturfreunde, und viele Gartenbesitzer hätten zu gerne einen dieser bunten Falter bei sich im Garten. Doch da genügt es nicht, die entsprechenden Blütenpflanzen anzubauen, da muß man vor allem wissen, welches Futter sich für die Raupe dieses Falters am besten eignet. Doch wie sieht überhaupt die Raupe aus? Oder wenn man eine Raupe findet, welcher Schmetterling wird daraus? Auf den folgenden Seiten werden die Raupen unserer häufigsten und bekanntesten Schmetterlinge in ihrer natürlichen Größe, manchmal auch in verschiedenen Entwicklungsstadien, wenn sich diese stark unterscheiden, abgebildet. Die Raupen sind zum besseren Auffinden in vier leicht kenntliche Gruppen unterteilt: nackte Raupen, kurz behaarte Raupen, stark behaarte Raupen und Raupen mit dornigen oder warzigen Auswüchsen.

Kennfarbe Grün

Nackte Raupen

Zu dieser Gruppe zählen die Raupen aller Schwärmer, jedoch nur ganz wenige Tagfalterraupen, wie die des Schwalbenschwanz, des Segelfalters und die paar Vertreter der Augen- und Dickkopffalter. Nackt oder nur mit wenigen einzelnen Härchen besetzt sind auch alle Spannerraupen, ebenso zahlreiche, vor allem im Boden lebende Eulenraupen und die im Holz fressenden Raupen der Kleinschmetterlinge.

Raupe vom Großen Gabelschwanz (→ Seite 93) in Abwehrhaltung. Die Raupe zieht ihre ersten Segmente zusammen, so daß ein drohend rot angeschwollenes „Gesicht" entsteht. Gleichzeitig läßt sie aus ihren Gabelschwänzen lange rote Fäden austreten.

Oleanderschwärmer (→ Seite 187), (M 2 : 1)

Windenschwärmer (→ Seite 188), (M 2 : 1)

Totenkopfschwärmer (→ Seite 185), (M 2 : 1)

Nackte Raupen

Kiefernschwärmer (→ Seite 188)

Labkrautschwärmer (→ Seite 189)

Wolfsmilchschwärmer (→ Seite 188)

Fledermausschwärmer (→ Seite 189)

Ligusterschwärmer (→ Seite 189)

Die Raupen der Schwärmer sind nackt und tragen auf ihrem elften Körpersegment ein mehr oder weniger langes, gekrümmtes Horn. In Drohhaltung strecken die Raupen ihren Vorderkörper hoch und ziehen den Kopf ein.

Nackte Raupen

Abendpfauenauge (→ Seite 187)

Pappelschwärmer (→ Seite 162)

Lindenschwärmer (→ Seite 162)

Nachtkerzenschwärmer (→ Seite 190)

Hummelschwärmer (→ Seite 178)

Taubenschwänzchen (→ Seite 178)

Taubenschwänzchen (→ Seite 178)

Die Raupe des Segelfalters kann, wie alle Raupen der Ritterfalter, zur Abwehr eine Nackengabel ausstülpen, die einen beißenden Geruch verströmt.
Die Raupen des Großen Gabelschwanzes und des Weidenbohrers können sogar spucken.

Kennfarbe Grün

Nackte Raupen

Großer Gabelschwanz (→ Seite 93)

Weidenbohrer (→ Seite 160)

Frostspanner (→ Seite 161)

Kleiner Heufalter (→ Seite 129)

Waldportier (→ Seite 137)

Birkenspinner (→ Seite 91), (M 2 : 1)

Segelfalter (→ Seite 74)

Schwalbenschwanz (→ Seite 96)

Kennfarbe Grün

Kurz behaarte Raupen

Diese Gruppe umfaßt die Raupen der allermeisten Tagfalter, jedoch verhältnismäßig wenige Nachtfalterraupen.
Wie schon bei den nackten Raupen sind alle Raupen in ihrer Originalgröße abgebildet, so daß lebende Exemplare leicht bestimmt werden können.

Die Raupe der Goldenen Acht (→ Seite 100) frißt nur auf Hufeisenklee. Die Raupe dieses Heufalters ist leicht an ihren schwarzen Flecken und den gelben Längsstreifen zu erkennen und von allen anderen Heufalter-Raupen zu unterscheiden.

Kurz behaarte Raupen

Rotes Ordensband (→ Seite 190)

Braunes Widderchen (→ Seite 183)

Blaues Ordensband (→ Seite 191)

Esparsetten-Widderchen (→ Seite 183)

Kupferglucke (→ Seite 162)

Die Raupen der Ordensbänder und der Glucken schmiegen sich tagsüber meist an Zweige, auf denen sie perfekt getarnt sind. Sie freßen fast nur nachts. Die Raupe der Kupferglucke zeigt bei Störung zwei farbige Streifen auf dem Rücken. Die Raupen der Widderchen (Zygaenen) tragen auf kleinen Warzen sternförmig abstehende kurze Haare und reihenförmig angeordnete Punkte. Die Raupen sind ebenso wie die Falter ungenießbar.

Kennfarbe Grün

Kurz behaarte Raupen

Zitronenfalter (→ Seite 98)

Aurorafalter (→ Seite 78)

Senfweißling (→ Seite 82)

Rapsweißling (→ Seite 82)

Kleiner Kohlweißling (→ Seite 80)

Postillon (→ Seite 101)

Resedafalter (→ Seite 78)

Großer Kohlweißling (→ Seite 80)

Zürgelbaumfalter (→ Seite 120)

Malvenfalter (→ Seite 156)

Ochsenauge (→ Seite 145)

Waldbrettspiel (→ Seite 146)

Flechtenbär (→ Seite 104)

Schachbrett (→ Seite 84)

Blutströpfchen (→ Seite 182)

Kurz behaarte Raupen

Hochalpen-Apollo (→ Seite 76)

Apollo (→ Seite 75)

Apollo (→ Seite 75)

Schwarzer Apollo (→ Seite 77)

Die Flecken der Apollofalterraupen variieren bei allen drei Arten von Gelb über Orange bis zu Rot. Die Raupen stülpen bei Störung eine Nackengabel aus und sondern aus dem Mund ein grünes Sekret aus.

Kurz behaarte Raupen

Geißklee-Bläuling (→ Seite 171)

Birkenzipfelfalter (→ Seite 124)

Idas-Bläuling (→ Seite 171)

Himmelblauer-Bläuling (→ Seite 171)

Fetthennen-Bläuling (→ Seite 177)

Kleiner Feuerfalter (→ Seite 126)

Großer Feuerfalter (→ Seite 126)

Brombeerzipfelfalter (→ Seite 178)

Steinklee-Bläuling (→ Seite 174)

Idas-Bläuling (→ Seite 171)

Langgeschw. Bläuling (→ Seite 169)

Kennfarbe Grün

Stark behaarte Raupen

Zu dieser Gruppe zählen besonders viele Raupen der Bären und Spinner, aber auch die zahlreicher Eulenfalter. Dagegen ist nur eine Tagfalterraupe stark behaart, und zwar die des Baumweißlings.
Die langen Raupenhaare schrecken viele Vögel vor dem Zugriff ab. Die Haare der Raupen von Prozessionsspinner und Goldafter können bei besonders empfindlichen Menschen sogar Hautreizungen verursachen. Dabei müssen diese Raupen nicht einmal unbedingt berührt worden sein, die Härchen fliegen in der Umgebung der Raupen in der Luft umher.

Die Raupe des Buchenrotschwanzes (→ Seite 93) krümmt sich bei Reizung, so daß die schwarzen Leibesringe sichtbar werden. Vor der Verpuppung verfärben sich die gelben Haare violett.

Großes Nachtpfauenauge (→ Seite 184), (M 3 : 1)

Pudel (→ Seite 89)

Erleneule (→ Seite 89), (M 2 : 1)

Stark behaarte Raupen

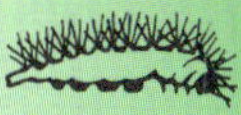

Kleines Nachtpfauenauge (→ Seite 184)

Kleines Nachtpfauenauge (→ Seite 184)

Baumweißling (→ Seite 77)

Brauner Bär (→ Seite 192)

Ahorneule (→Seite 89)

Viele der stark behaarten Raupen rollen sich bei einer Bedrohung igelartig zusammen und verharren so lange Zeit. Im Jugendkleid imitiert die Raupe der Erleneule Vogelkot, ausgewachsen die giftigen Raupen des Jakobskrautbären. Die Raupen des Kleinen Nachtpfauenauges sind besonders variabel, und zwar nicht nur von Häutung zu Häutung, sondern auch im letzten Raupenkleid.

Ringelspinner (→ Seite 158)

Mondfleck (→ Seite 194), (M 3 : 1)

Nackte Raupen

Purpurbär (→ Seite 104)

Schwammspinner (→ Seite 92)

Ringelspinner (→ Seite 158)

Wolfsmilchspinner (→ Seite 107)

Eichenspinner (→ Seite 158), (M 3 : 1)

Stark behaarte Raupen mit deutlichen Farbmarkierungen auf den einzelnen Körpersegmenten besitzen die Trägspinneer, wie zum Beispiel Schwammspinner, Eichenspinner, Pappelspinner und Nonne und viele Haareulen wie Pudel und Ahorneule.

Dornige und warzige Raupen

Zu dieser Gruppe zählen die meisten Raupen unserer bekanntesten Tagfalter wie Kleiner und Großer Fuchs, Tagpfauenauge, Admiral und alle Perlmutter- und Scheckenfalter. Bei den Nachtfaltern haben nur wenige Raupen Warzen oder Dornen.

Die Raupe des Silberscheckenfalters (→ Seite 119) lebt ausschließlich auf Baldrian an sonnigen Standorten. Die „Dornen" der Scheckenfalterraupen sind behaarte Fleischzapfen.

Dornige und warzige Raupen

Trauermantel (→ Seite 142), (M 3 : 1)

Großer Fuchs (→ Seite 120)

Skabiosen-Scheckenfalter (→ Seite 118)

Die Raupen auf der gegenüberliegenden Seite fressen alle auf Brennesseln, die des C-Falters auch auf Hasel und Ulme, die des Distelfalters auch auf Huflattich und Disteln.
Die Raupen des Großen und Kleinen Fuchses, des Trauermantels, des Tagpfauenauges und des Landkärtchens leben gesellig, die andern meist einzeln.

Dornige und warzige Raupen

Kleiner Fuchs (→ Seite 120)

Tagpfauenauge (→ Seite 123)

Landkärtchen (→ Seite 122)

Admiral (→ Seite 143)

C-Falter (→ Seite 121)

Distelfalter (→ Seite 122)

Dornige und warzige Raupen

Osterluzeifalter (→ Seite 77)

Großer Eisvogel (→ Seite 139)

Blauschwarzer Eisvogel (→ Seite 140)

Kleiner Eisvogel (→ Seite 140)

Trauerfalter (→ Seite 141)

Dornige und warzige Raupen

Fliederspanner (→ Seite 160)

Kamelspinner (→ Seite 159)

Zickzackspinner (→ Seite 159)

Nagelfleck, adult (→ Seite 102)

Nagelfleck, jung (→ Seite 102)

Silberscheckenfalter (→ Seite 119)

Gem. Scheckenfalter (→ Seite 118)

Veilchen-Scheckenfalter (→ Seite 117)

Die Raupen der Scheckenfalter leben – zumindest in ihrer Jugend – gesellig miteinander an niederen Pflanzen in einem gemeinsamen Gespinst, in dem sie dann auch überwintern.

Der Violette Feuerfalter *(Heodes alciphron)* lebt an trockenwarmen Stellen mit steinigem oder sandigem Untergrund und einem reichen Angebot blühender Pflanzen – wo gibt es das noch?

Schmetterlinge schützen

Die meisten Schmetterlingsarten sind an bestimmte Lebensräume gebunden. In Wald und Flur, entlang von Gewässern und an Trockenrainen, im Hochgebirge oder im Tiefland wird man daher immer eine besondere Falterfauna erwarten können. Wo aber die Vielfalt der Natur verlorenging, die abwechslungsreiche bäuerliche Kulturlandschaft zur öden Agrarindustrie verkam, haben Schmetterlinge offensichtlich keine Chancen mehr. Die liebenswerten Sommerboten brauchen daher dringend unsere Hilfe. Heckenbesäumte Waldränder, krautreiche Ackerstreifen, buntblumige Wiesen und eine giftfreie Umwelt. Jeden Garten kann man mühelos zum kleinen Öko-Paradies umgestalten, in dem sich auch Schmetterlinge einfinden, um hier ihren Lebenszyklus zu durchlaufen und das Auge des Betrachters zu erfreuen.

Schmetterlinge leben gefährlich

Daß Schmetterlinge in all ihren Lebensstadien sehr gefährlich leben, viele Feinde haben und auch von Krankheiten und Parasiten befallen werden, wurde schon zu Anfang dieses Buches beschrieben. Aber auch das Klima wirkt sich auf das Leben der Schmetterlinge positiv oder negativ aus. Lange Regen- oder Kälteperioden, vor allem im Frühjahr oder Sommer, können die Schmetterlingspopulationen stark zurückgehen oder gar ganz verschwinden lassen. Auch extreme Trockenzeiten wirken sich ungünstig auf die Entwicklung der zarten Tiere aus, und schließlich vernichten auch Frost und Eiseskälte, vor allem bei geringer oder fehlender Schneedecke, einen großen Teil der überwinternden Schmetterlinge, Eier, Raupen oder Puppen. Doch die Natur kann in den meisten Fällen den Unbillen der Witterung gegensteuern und bestehende Ungleichgewichte wieder ins Lot bringen.

Der Mensch greift ein

Der Einfluß des Menschen auf die Natur stört dieses natürliche Gleichgewicht jedoch erheblich und kann in den seltensten Fällen wieder ausgeglichen werden.
So werden beispielsweise sehr viele Nachtfalter durch die vielen Lichtquellen am Abend und in der Nacht, seien es Straßenlaternen, Autoscheinwerfer oder Leuchtreklame angelockt und vom direkten Weg zu ihrem eigentlichen Ziel, einer Nahrungsquelle oder einem paarungsbereiten Weibchen, abgelenkt und weggelockt und landen nicht selten auf der Windschutzscheibe oder verschmoren an einer heißen Lichtquelle.
Der starke Rückgang der Nachtfalter ist auch eine der Ursachen, warum die Fledermäuse drastisch abgenommen haben, denn die Nachtfalter sind ihre Hauptnahrung.
Doch viel schlimmer wirkt sich die intensive Bewirtschaftung unserer Wälder, Weiden und Wiesen auf die Populationen der Schmetterlinge aus.

Veränderung der Lebensräume

Schmetterlinge zählen zu den höher entwickelten, stark spezialisierten Insekten. Es verblüfft immer wieder, wie hervorragend sich die Falter an ihren jeweiligen Lebensraum angepaßt, wie sie sich ihre Umgebung untereinander aufgeteilt haben. Kaum zwei Arten stellen die genau gleichen Lebensansprüche, benötigen die gleiche Pflanze zur gleichen Zeit am gleichen Ort. Jede Art hat ihre ökologische Nische. Um so empfindlicher reagieren die Schmetterlinge schon auf die kleinste Umweltveränderung. Die Besiedlung ließ nicht nur die natürlichen Lebensräume immer mehr zusammenschrumpfen, die Zunahme der Bevölkerung zwang gleichzeitig die Land- und Forstwirtschaft, ihre Erträge zu steigern. Die intensive land- und forstwirtschaftliche Nutzung, die durch die Verknappung des Bodens notwendig wurde, wirkte sich nicht nur auf die Schmetterlinge schlimmer aus als die direkte Zerstörung zahlreicher Biotope.

Kunstdünger und Gülle

Die Mehrheit der Wiesenpflanzen, auf die unsere Tagfalter angewiesen sind, wächst fast ausschließlich auf stickstoffarmen Böden. Die intensive Bewirtschaftung der Wiesen durch den Einsatz von Kunstdünger und Gülle brachte die meisten Futterpflanzen unserer Falter und damit natürlich auch die Falter selbst zum Verschwinden. Die arten- und blumenreiche Pflanzengesellschaft der Magerwiesen wird in der intensivlandwirtschaftlichen Fettwiese

Herbizide – Fungizide – Pestizide

Magerwiesen sind ein idealer Lebensraum für viele Schmetterlinge und andere Insekten.

durch ein Sortiment ähnlicher Grassorten abgelöst, die nur wenigen Raupen als Futterpflanzen dienen, die nektarsuchenden Falter gehen sowieso leer aus. Die stärker gedüngten, mit schnellwüchsigen Grassorten bepflanzten Wiesen werden aber auch häufiger gemäht, so daß wiederum viele Raupen, die eigentlich mit dem Futterangebot zurechtkämen, mit dem nächsten Schnitt in den Mähmessern, im Kuhmagen oder im Heustock landen.

Die stickstoffhaltigen Dünger verändern auch oft die chemische Struktur der Futterpflanzen für Raupen, so daß sie auf einmal ungenießbar werden. So kann in einer Fettwiese eine bestimmte Raupenfutterpflanze in Mengen vorkommen, die Raupen sieht man jedoch nicht mehr. Und auch die kleinen ökologisch noch wertvollen „Inseln", wie Kiesgruben, nicht gemähte Wegränder oder Hecken werden immer seltener.

Eine ebensogroße Rolle bei der Gefährdung der Schmetterlinge spielen Herbizide, Fungizide und Pestizide – also giftige Spritzmittel aller Art. Die meisten dieser Produkte haben eine breite, starke und häufig langhaltende Wirkung. Die Schmetterlinge oder ihre Entwicklungsstadien werden von diesen Giften entweder direkt getötet oder aber sie verhungern, weil die Nahrungspflanzen für Raupe oder Falter vernichtet wurden.

Der Einsatz von Giften gilt für Ackerland genauso wie für Wiesen, Wegraine, Uferböschungen, Waldränder und Kahlschläge.

Zum Bild: Viele Schmetterlinge, aber auch andere Tiere, sind auf trockenwarme Wiesen mit lockerem, blumenreichem Bewuchs angewiesen. Sie besiedeln also mit Vorliebe Gebiete ohne große wirtschaftliche Bedeutung – und die sind für den Menschen nutzlos. Sind sie damit aber auch sinnlos?

Schmetterlinge im Garten

Was kann man tun, um Schmetterlinge zu schützen? Die wirksamste Schutzmaßnahme ist die Erhaltung sämtlicher noch verbliebener, nicht intensiv genutzter Flächen sowie die Wiederherstellung oder Schaffung ökologischer Nischen.

Was zu tun ist

So ließe sich zum Beispiel zum Preis einer sehr geringen Ertragseinbuße entlang eines Waldrandes ein wenige Meter breiter Wiesenstreifen, der nicht intensiv genutzt wird, das heißt keine Düngung, nur ein Grasschnitt pro Jahr, in ein Schmetterlingsbiotop verwandeln. Reine Nadelwald-Aufforstungen und zu dunkle Wälder könnten durch eine ausgewogene Bepflanzung mit Laub- und Nadelhölzern ersetzt oder ergänzt werden.

Auch die Umwandlung monotoner grüner Zierrasen in Naturwiesen, der Anbau von Raupenfutterpflanzen oder blühenden Blumen und Sträuchern, die sich als Nektarinseln für die Falter eignen, könnte ein kleiner Beitrag zur Erhaltung unserer Schmetterlingsfauna sein. Und dazu eignen sich selbst kleinste Hausgärten! Viele Menschen wundern sich, warum keine Schmetterlinge in ihren Garten kommen, vergessen aber, daß auch unsere allzu ordentlichen Ziergärten mit den pflegeleichten Zwergkoniferen oder streichholzkurzem Einheitsrasen keine geeignete Lebensgrundlage für Kleintiere sind. Aber den Schmetterlingen wird mit dieser Ordnung und Sauberkeit nicht nur der Lebensraum entzogen, es werden sogar, meist ganz unbewußt, „Falterfallen" aufgestellt. So ist zum Beispiel die Pflaumenkirsche *(Prunus cerasifera)*, ein sehr verbreiteter Zierstrauch aus Japan mit rotbraunen Blättern: Diese *Prunus*-Art wird nun sehr gerne vom Birkenzipfelfalter *(Thecla betulae)* zur Eiablage genutzt. Die grünen Raupen des Birkenzipfelfalters haben jedoch auf den rotbraunen Blättern des Zierstrauches keine Überlebenschance, denn sie sind ja auf die einheimischen *Prunus*-Arten wie Schlehe und Zwetschge programmiert. Auf den grünen Blättern der einheimischen Arten sind sie natürlich hervorragend getarnt, während sie auf den rotbraunen Blättern des Zierstrauches ihren Freßfeinden nur so ins Auge fallen. Oder ein anderer Fall: Das Weibchen des Kleinen Schillerfalters *(Apatura ilia)* legt seine Eier auf Espen ab, leider aber auch auf den neu eingeführten Kanadischen Hybridpappeln. Deren Blätter sind jedoch so dick, daß die Jungraupen die Blätter nicht annagen können und verhungern müssen.

Zum Bild: Jeder Garten kann zur ökologischen Nische für unsere gefährdeten Schmetterlinge werden, er muß nur die richtigen Pflanzen für Falter und Raupe beherbergen.

Zu den Bildern: Wenn die richtigen Blütenpflanzen im Garten wachsen, finden sich auch bald die ersten Schmetterlinge ein – und die Nektartankstellen sprechen sich bald in Falterkreisen rum.

Ein Garten für Schmetterlinge

Jeder Gartenbesitzer kann mit etwas gutem Willen und Wissen erheblich dazu beitragen, daß die heimischen Schmetterlinge wieder mehr attraktiven Lebensraum vorfinden.
Der Verzicht auf den Einsatz giftiger Spritzmittel gegen vermeintliche Insektenplagen oder Unkraut ist die eine Seite, die gezielte Ansiedlung interessanter Nahrungspflanzen die andere Möglichkeit.
Faßt man alle Gärten zusammen, so ist die Fläche dreimal so groß wie die zur Zeit unter Naturschutz stehenden Gebiete – eine einmalige Chance, daß auch der einzelne etwas für den Arten- und Biotopschutz leisten kann.

Schmetterlingspflanzen

Alle heimischen Falter (tag- und nachtfliegende Arten) ernähren sich von Nektar – einem köstlich schmeckenden, sehr zuckerhaltigen Sekret vieler Blüten. Die Schmetterlinge nehmen diese flüssige Nahrung mit Hilfe ihres langen Saugrüssels auf. Sie bevorzugen dabei Blüten mit engen, langen Kronröhren – Bienen und Hum-

Sommerflieder ist ein Muß im Schmetterlingsgarten!

Auch der Dost lockt viele Falter an.

Der leuchtende Rainfarn hat immer Besucher.

meln dagegen sind eher für glockige oder bauchige Blütenkronen zuständig. Blüten in rötlichen Farbtönen empfinden die Falter offenbar als besonders einladend. Die in der Dämmerung oder Nacht fliegenden Falter, die deutlich die Mehrzahl der Blütenbesucher stellen, orientieren sich in erster Linie am betörenden Duft der Blumen – bei ihnen spielt die Farbe nur eine untergeordnete Rolle. Wobei Blüten, die nächtliche Besucher anlocken wollen, in den meisten Fällen weiß sind.
Ein bunter blumenreicher Garten – allerdings mit den geeigneten, heimischen Pflanzenarten – kann ein richtiges Falterparadies sein.
Hier nur eine kleine Auswahl dekorativer Falterblumen für den Garten:

Disteln *(Cirsium*-Arten*)*
Dost *(Origanum vulgare)*
Fetthenne *(Sedum* Arten)
Flockenblumen (*Centaurea*- Arten)
Geißblatt (*Lonicera*-Arten)
Goldlack *(Cheiranthus cheiri)*
Hauswurz (*Sempervivum*-Arten)
Katzenminze *(Nepeta faassenii)*
Lavendel *(Lavandula angustifolia)*
Lichtnelke (*Silene*-Arten)
Margerite *(Leucanthemum vulgare)*
Natternkopf *(Echium vulgare)*
Nelken *(Dianthus-Arten)*
Ochsenzunge *(Anchusa officinale)*
Phlox-Hybriden
Samtblume *(Tagetes erecta)*
Seifenkraut *(Saponaria officinalis)*
Silberblatt *(Lunaria annua)*
Sommer- und Herbst-Astern (*Aster*-Arten)
Sommerflieder *(Buddleja davidii)*
Steinkraut *(Allyssum*-Arten)
Thymian *(Thymus vulgaris)*
Wandelröschen *(Lantana camara)*
Wasserdost *(Eupatorium cannabinum)*
Weidenröschen *(Epilobium*-Arten)
Zier-Tabak *(Nicotiana spp.)*

Futterpflanzen für Schmetterlingsraupen

Zum naturnahen und schmetterlingsfreundlichen Garten gehören nicht nur nektarreiche Blütenpflanzen für die Falter, sondern auch die passenden Futterpflanzen für die Raupen – wobei diese Pflanzen sehr oft von den Gartenfreunden zum „Unkraut“ gerechnet und aus dem Garten verdammt werden.
Die Raupen von mehr als zwei Dutzend heimischer Schmetterlingsarten, darunter von prächtigen Tagfaltern wie Kleiner Fuchs, Tagpfauenauge, C-Falter und Landkärtchen, ernähren sich beispielsweise ausschließlich von den Blättern der Brennessel. Ein paar dieser verkannten Pflanzen in einer weniger genutzten Gartenecke leisten einen aktiven Artenschutz.
Wichtige Raupenfutterpflanzen sind beispielsweise:

Brennessel (Admiral, C-Falter, Tagpfauenauge, Kleiner Fuchs)
Distel (Distelfalter)
Espe, Zitter-Pappel (Großer Eisvogel, Großer Schillerfalter)
Faulbaum Zitronenfalter)
Fetthenne (Apollofalter)
Geißblatt (Kleiner Eisvogel)
Gräser (Schachbrettfalter)
Hornklee/Luzerne (Goldene Acht, Gelblinge, Bläulinge)
Pappel/Weide (Großer Fuchs, Trauermantel)
Sauerampfer (Kleiner Feuerfalter)
Schlehe (Segelfalter, Baumweißling)
Wiesen-Schaumkraut (Aurorafalter)
Wilde Möhre (Schwalbenschwanz)

Zu den Bildern: Geeignete Schmetterlingspflanzen gibt es viele – hier eine kleine Auswahl.

Typische Schmetterlingspflanzen

Kleiner Fuchs auf Ysop

Mohrenfalter auf Bärenklau

Schwalbenschwanz auf Verbene

Tagpfauenauge auf Wilder Karde

Raupen vom Kleinen Fuchs auf Brennessel

Raupen vom Mittleren Weinschwärmer auf Fuchsie

Arten- und Sachregister

Halbfett gesetzte Seitenzahlen verweisen auf Abbildungen.

Arten- und Sachregister

Arten- und Sachregister

Arten- und Sachregister

Arten- und Sachregister

Arten- und Sachregister

Raupentypen bestimmen – leicht gemacht

Seite 198-203
Nackte Raupen

Mittlerer Weinschwärmer (→ Seite 131)

Seite 204-209
Kurz behaarte Raupen

Zürgelbaumfalter (→ Seite 121)

Seite 210-215
Stark behaarte Raupen

Schlehenspinner (→ Seite 90)

Seite 216-221
Dornige Raupen

Natterwurzperlmuttfalter (→ Seite 115)

Wolfsmilchschwärmer (→ Seite 188)

Salatmönch (→ Sei

Apollofalter (→ Seite 75)

Großer Kohlweißling (→ Seite 80)

Trinkerin (→ Seite 163)

Pfeileule (→ Seite 1

Wegerichscheckenfalter (→ Seite 119)

Trauerfalter (→ Seite 141)

Großer Schillerfalter (→ Seite 166)

nweißling (→ Seite 79)

Kleiner Feuerfalter (→ Seite 126)

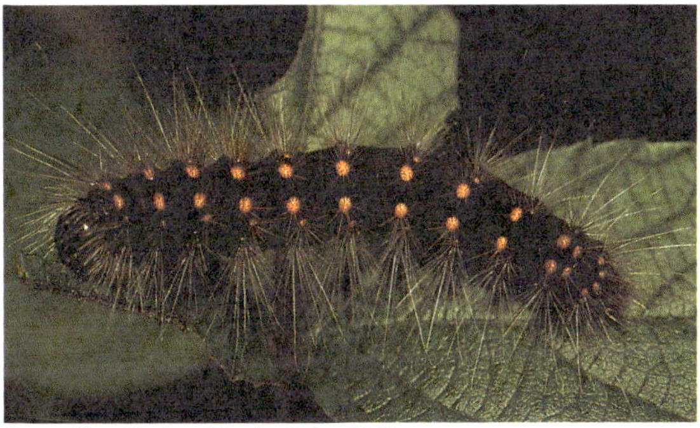

Gestreifter Flechtenbär (→ Seite 104)

Tagpfauenauge (→ Seite 123)

Kleiner Perlmutterfalter (→ Seite 114)

Der Autor:
Thomas Ruckstuhl lebt als freischaffender Naturfotograf in der Schweiz und hat sich eingehend mit dem Leben der Schmetterlinge befaßt. Er ist Autor und Bildautor zahlreicher Bildbände und Bücher.

Der Fachberater:
Dr.Wolfgang Dierl, Zoologische Staatssammlung München, ein exzellenter Kenner der Insektenwelt und Autor vieler Fachbücher zum Thema Schmetterlinge hat freundlicherweise die fachliche Beratung dieses Buches übernommen.

Die Fotografen:
Alle Aufnahmen stammen vom Autor, mit Ausnahme der Dias Seite 229, die uns freundlicherweise Hans Reinhard zur Verfügung gestellt hat.

Lizenzausgabe für Gondrom Verlag GmbH, Bindlach 2002

Redaktionsleitung:
Hans Scherz
Redaktion: Sonnhild Bischoff
Herstellung: Verena Römer
Layout: Heide Blut,
Michael Bauer
Covergestaltung:
Monika Kauffeld
Silhouetten: György Jankovics
Satz: L☆O☆W, München

ISBN 3-8112-1960-X

Der Umwelt zuliebe gedruckt auf chlorfrei gebleichtem Papier.

Foto Nachsatz: ▶
Dukatenfalter auf Schafgarbe.